剪映

AI短视频+虚拟数字人

制作实操大全

构图君◎编著

中国铁道出版社有限公司

CHINA RAILWAY PUBLISHING HOUSE CO., LTD.

U0261222

图书在版编目（CIP）数据

剪映AI短视频+虚拟数字人制作实操大全 / 构图君编
著. -- 北京：中国铁道出版社有限公司, 2024. 9.
ISBN 978-7-113-31345-6

Ⅰ. TN948.4-39;TP391.98

中国国家版本馆CIP数据核字第20248UR643号

书　　名：剪映 AI 短视频＋虚拟数字人制作实操大全
　　　　　JIANYING AI DUANSHIPIN+XUNI SHUZIREN ZHIZUO SHICAO DAQUAN
作　　者：构图君

责任编辑：杨　旭　　　编辑部电话：（010）51873274　　　电子邮箱：823401342@qq.com
封面设计：宿　萌
责任校对：安海燕
责任印制：赵星辰

出版发行：中国铁道出版社有限公司（100054，北京市西城区右安门西街 8 号）
印　　刷：天津嘉恒印务有限公司
版　　次：2024 年 9 月第 1 版　2024 年 9 月第 1 次印刷
开　　本：710 mm×1 000 mm　1/16　印张：13　字数：225 千
书　　号：ISBN 978-7-113-31345-6
定　　价：79.00 元

版权所有　侵权必究

许多人可能不知道，随着 2022 年和 2023 年上半年 AI 绘画的火爆，AI 在绘画、短视频领域的功能越来越多、越来越强大。

目前短视频应用最火的软件首推剪映，剪映的 AI 功能十分强大，比如能够进行智能剪辑、智能创作文案、智能一键配音、文本生成图片、文本生成视频、图片生成视频、视频生成视频、AI 特效制作，以及 AI 虚拟数字人视频制作与直播。这对于短视频用户来说，是既省成本，又高效提质的好事。

另外，AI 虚拟数字人短视频制作与直播的应用，无论是企业，还是个人的视频直播创业，都有需求，是一个增长的大势市场。比如做视频博主、在线教育、远程培训、虚拟导游、虚拟博物馆、VR 培训、虚拟讲座，以及虚拟元宇宙应用等，再比如做投资理财顾问、保险服务顾问、节日祝福视频、情感沟通服务、医疗咨询服务、心理咨询服务、社交媒体客服、投诉处理客服、虚拟接待客服等。

然而，市场上关于如何高效利用剪映 AI 技术进行短视频和虚拟数字人制作的优质教程却相对稀缺。很多有志于投身这一领域的创作者和从业者，由于缺乏系统的学习资料和专业的指导，往往难以快速掌握相关技术。

为了满足广大读者的需求，响应国家倡导的科技兴邦、实干兴邦的号召，我特意策划了本书。本书旨在填补市场上相关教育资源的空白，希望通过详细、实用的内容和丰富的教学案例，帮助读者快速掌握 AI 短视频和虚拟数字人制作的核心技术，激发创作潜能，推动整个行业的进步。

本书具有以下五个特色：

① 30 多组关键提示词奉送。为了方便读者快速掌握 AI 创作技巧，特将本书实例中用到的提示词进行了整理，统一奉送给读者。读者可以直接使用这些提示词，体验运用 AI 写作文案、生成图片及制作视频的乐趣。

② 70 多个干货技巧奉送。本书从软件、功能和案例这三条线出发，通过讲解 AI 短视频和虚拟数字人的制作技巧，帮助读者从入门到精通，让学习更高效。

③ 120 多个素材效果奉送。随书附送的资源中包含本书中使用的素材和制作的效果。这些素材和效果可供读者自由查看与使用，目的是让读者在跟练的过程中提高视频制作的能力。

④ 160 多分钟的视频演示。本书中的软件操作技能实例，录制了带语音讲解的视频，读者既可以结合本书，也可以独立观看视频演示，像看电影一样进行学习，让学习更加轻松。

⑤ 750 多张图片全程图解。本书采用了 750 多张图片对 AI 短视频和虚拟数字人的制作过程进行了全程式的图解，通过这些大量清晰的图片，让实例的内容变得更加通俗易懂，读者可以一目了然，快速领会，举一反三，从而提升短视频的制作效率。

本书所涉及的软件和工具：剪映手机版为 13.4.0 版；剪映电脑版为 5.8.0 版。

在编写本书的过程中，我是根据界面截取的实际操作图片进行讲解的，但书从写作到出版需要一段时间，在此期间，这些工具的功能和界面可能会发生变化，因此，在阅读时，还请读者根据书中的思路，举一反三，进行学习。

提醒：即使是相同的提示词和素材，软件每次生成的效果也会有所差别，这是软件基于算法与算力得出的新结果，是正常的，所以，当读者在看到书里的效果与视频有所区别时，包括读者用同样的提示词，自己进行实操时，得到的效果也会有差异。因此，在扫码观看教程时，读者应把更多的精力放在操作技巧的学习上。

由于知识水平所限，书中难免有疏漏之处，恳请广大读者批评、指正。

构图君

2024 年 5 月

目　　录

AI 短视频篇

第1章　八个 AI 写作文案的技巧　　1

第2章　八个智能成片的技巧　　29

虚拟数字人篇

【AI 短视频篇】

第 **1** 章

八个 AI 写作
文案的技巧

在短视频中，文案可以起到丰富画面的作用，从而提升视频的可看性；也可以将视频中的口播音频用文字的形式展示出来，便于受众更直观地了解具体内容；还可以用来解说画面内容、点明视频主题，让受众能够理解视频传达的内涵。如果用户想运用 AI 来写作文案，需要掌握一些技巧。

1.1　三个通过对话创作文案的技巧

剪映手机版的"对话创作"功能为用户提供了一个 AI 助手，用户可以通过对话的形式让它创作出需要的文案。除了生成常规的视频文案之外，AI 助手还可以生成营销短视频文案和知识分享视频文案。本节将介绍创作这三类文案的操作技巧。

1.1.1　AI 创作视频文案

视频的种类繁多，相应的文案种类也数不胜数。通过与 AI 助手进行对话，告知视频文案的类型、主题和要求，就能一键完成创作。

扫码看视频

为了让新手也能进行文案创作，下面从剪映手机版的安装开始，介绍具体操作方法：

▶▶ 步骤 1　在手机的应用商店中输入并搜索"剪映"，在搜索结果中，点击对应软件右侧的"安装"按钮，如图 1-1 所示，即可开始下载并自动安装剪映手机版。

▶▶ 步骤 2　安装完成后，点击软件右侧的"打开"按钮，进入剪映手机版，在弹出的"个人信息保护指引"面板中点击"同意"按钮，如图 1-2 所示，进入剪映手机版的"剪辑"界面。

▶▶ 步骤 3　切换至"我的"界面，即可自动跳转至登录界面，选中"已阅读并同意剪映用户协议和剪映隐私政策"复选框，点击"抖音登录"按钮，如图 1-3 所示，剪映会自动获取抖音账号的信息并完成登录。

图 1-1　点击"安装"按钮　　图 1-2　点击"同意"按钮　　图 1-3　点击"抖音登录"按钮

提醒：这里以 iQOO Z6 手机为例介绍剪映手机版的安装和使用方法，其他型号和品牌的手机操作方法也是相似的。

在剪映手机版中，登录后可以使用更多功能，还可以对剪辑草稿进行备份、共享和同步，因此建议用户安装好软件后就完成登录。

▶▶ 步骤 4　切换至"剪辑"界面，点击"展开"按钮，如图 1-4 所示，展开功能面板。

▶▶ 步骤 5　在展开的功能面板中点击"对话创作"按钮，如图 1-5 所示，进入 Smart Edit（智能编辑）界面。

▶▶ 步骤 6　在弹出的"'Smart Edit'使用须知"面板中，点击"同意"按钮，如图 1-6 所示，即可开始使用该功能。

图 1-4　点击"展开"按钮　图 1-5　点击"对话创作"按钮　图 1-6　点击"同意"按钮

▶▶ 步骤 7　在 Smart Edit 界面中点击"开始新创作"按钮，进入 Smart Edit 对话界面，点击右上角的 ▦ 按钮，在弹出的列表框中选择"视频文案"选项，如图 1-7 所示，即可创建一个主题为视频文案的新对话。

▶▶ 步骤 8　在 AI 提供的视频类型中点击"美食教程"按钮，如图 1-8 所示。

▶▶ 步骤 9　执行操作后，输入框中会自动填入美食教程文案的提示词模

3

板，在"美食主题是："后面输入"红烧鸡翅的做法，要求：步骤详细，不超过200字"，如图 1-9 所示，点击输入框右侧的✦按钮，即可发送提示词，让 AI 根据要求开始创作文案。

图 1-7　选择"视频文案"选项　　图 1-8　点击"美食教程"按钮　　图 1-9　输入提示词

▶▶ 步骤10　稍等片刻，AI 会创作出三篇美食教程的视频文案，内容如图 1-10 所示，用户可以点击←→按钮，切换查看生成的文案。

图 1-10　AI 创作的三篇美食教程的视频文案内容

1.1.2　AI 创作营销短视频文案

用户在运用 AI 创作营销短视频文案的重点是介绍清楚产品的名称和卖点，产品名称可以让受众知道短视频介绍的是什么，产品卖点可以让受众了解产品有什么功能和优势，从而引起受众对产品的兴趣。让 AI 围绕这两个信息进行创作，才能获得更有用的营销短视频文案。下面介绍具体操作方法：

扫码看视频

▶▶ 步骤1　在 Smart Edit 界面的"试试这些任务"板块中点击"营销短视频"按钮，如图 1-11 所示。

▶▶ 步骤2　执行操作后，进入 Smart Edit 对话界面，创建一个主题为营销短视频的新对话，在对话的下方点击"智能生成文案"按钮，如图 1-12 所示。

▶▶ 步骤3　执行操作后，在输入框中会自动填入营销短视频文案的提示词模板，分别输入产品的名称和卖点，如图 1-13 所示，点击输入框右侧的▲按钮，发送提示词，即可获得 AI 创作的三篇营销短视频文案。

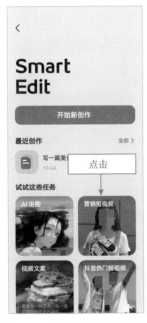

图 1-11　点击"营销短视频"按钮

图 1-12　点击"智能生成文案"按钮

图 1-13　输入提示词

▶▶ 步骤4　长按创作的第一篇文案，在弹出的工具栏中点击"复制"按钮，如图 1-14 所示，即可复制文案内容。

▶▶ 步骤 5　选中第一篇文案右下角的复选框，在文案下方点击"再调整下文案"按钮，如图 1-15 所示。

▶▶ 步骤 6　执行操作后，即可进入文案调整界面，如图 1-16 所示，用户可以让 AI 对文案进行润色、扩写和缩写，也可以手动进行调整，点击"完成"按钮，可以保存调整后的文案，并返回对话界面。

图 1-14　点击"复制"按钮

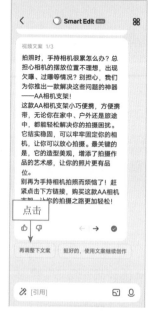
图 1-15　点击"再调整下文案"按钮

图 1-16　进入文案调整界面

1.1.3　AI 创作知识分享视频文案

如果用户想通过视频的形式来传递和分享一些知识，就要确保文案中包含一定数量且真实有用的知识，否则难以发挥知识分享短视频的作用。运用 AI 创作文案，可以借助 AI 庞大的数据库资源，轻松罗列出需要的知识点，并整理成逻辑清晰、语言通顺的知识分享视频文案。下面介绍具体操作方法：

扫码看视频

▶▶ 步骤 1　在 Smart Edit 对话界面中，点击右上角的 ▦ 按钮，在弹出的列表框中选择"知识分享视频"选项，如图 1-17 所示，即可创建一个主题为知识分享视频的新对话。

▶▶ 步骤 2　在 AI 提供的主题中点击"职业职场"按钮，如图 1-18 所示。

▶▶ 步骤3 执行操作后，在输入框中会自动填入职业职场主题文案的提示词模板，在"主题是："后面输入"如何向上级汇报目前的工作进度，不超过200字"，如图1-19所示。

▶▶ 步骤4 点击输入框右侧的 🔺 按钮，发送提示词，即可获得 AI 创作的三篇知识分享视频文案，内容如图1-20所示。

图1-17 选择"知识分享视频"选项

图1-18 点击"职业职场"按钮

图1-19 输入相应内容

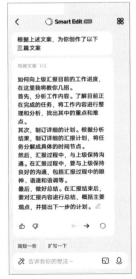

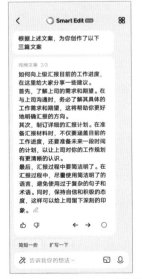

图1-20 AI 创作的三篇知识分享视频文案内容

1.2　五个用 AI 生成视频文案的技巧

为了帮助用户更快、更好地完成短视频的制作，剪映提供了多个 AI 功能来解决文案写作的难题。用户在生成和剪辑短视频时可以借助 AI 功能来完成文案的写作，还可以对生成文案的内容和样式进行调整。

1.2.1　运用模板生成文案

剪映的"图文成片"功能可以满足用户文生视频的需求，并且还贴心地提供了多个视频文案的写作模板，用户只需要选择视频文案的类型，在模板中输入对应的信息，即可生成需要的文案。

1.　用剪映手机版制作

剪映手机版操作方法如下：

▶▶ 步骤1　在"剪辑"界面中点击"图文成片"按钮，如图1-21所示，进入"图文成片"界面。

扫码看视频

▶▶ 步骤2　在"智能写文案"板块中点击"旅行攻略"按钮，如图1-22所示。

▶▶ 步骤3　进入"旅行攻略"文案写作界面，分别在"旅行地点"和"主题"下方的输入框中输入相应内容，设置"视频时长"为"1分钟左右"，如图1-23所示。

图1-21　点击"图文成片"按钮

图1-22　点击"旅行攻略"按钮

图1-23　设置"视频时长"

▶▶ 步骤4 点击"生成文案"按钮，即可开始创作文案，并进入"确认文案"界面，AI 会生成三篇文案，内容如图 1-24 所示，用户可以选择合适的文案来生成视频。

图 1-24 AI 生成的三篇文案内容

2. 用剪映电脑版制作

剪映电脑版操作方法如下：

▶▶ 步骤1 在浏览器中输入并搜索"剪映专业版官网"，在"网页"选项卡中单击官网链接，如图 1-25 所示，即可进入剪映官网。

扫码看视频

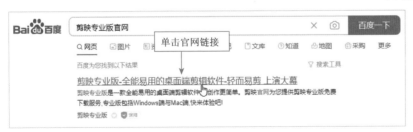

图 1-25 单击官网链接

提醒：这里以百度浏览器为例介绍剪映电脑版（专业版）的下载和安装方法，其他浏览器也是同样的操作。

▶▶ 步骤2 在"专业版"选项卡中单击"立即下载"按钮，如图 1-26 所示。

图 1-26　单击"立即下载"按钮

▶▶ 步骤3　弹出"新建下载任务"对话框，单击"下载"按钮，如图 1-27 所示，将软件安装器下载到本地文件夹中。

▶▶ 步骤4　下载完成后，打开相应的文件夹，在软件安装器上右击，在弹出的快捷菜单中选择"打开"选项，如图 1-28 所示。

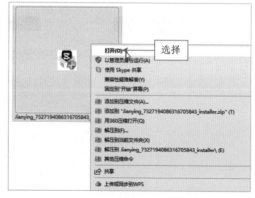

图 1-27　单击"下载"按钮　　　　　图 1-28　选择"打开"选项

▶▶ 步骤5　执行操作后，即可开始下载并安装剪映专业版，弹出"剪映专业版下载安装"对话框，显示下载和安装软件的进度，如图 1-29 所示。

▶▶ 步骤6　安装完成后，弹出"环境检测"对话框，软件会对电脑环境进行检测，检测完成后单击"确定"按钮，如图 1-30 所示。

▶▶ 步骤7　执行操作后，进入剪映专业版的"首页"面板，在左上方单击"点击登录账户"按钮，如图 1-31 所示。

▶▶ 步骤8　弹出"登录"对话框，选中"已阅读并同意剪映用户协议和剪映隐私政策"复选框，单击"通过抖音登录"按钮，如图 1-32 所示。

图 1-29　显示下载和安装软件的进度

图 1-30　单击"确定"按钮

图 1-31　单击"点击登录账户"按钮

图 1-32　单击"通过抖音登录"按钮

▶▶ 步骤9　执行操作后，进入抖音登录界面，如图 1-33 所示，用户可以根据界面提示进行扫码登录或手机验证码登录，完成登录后，返回"首页"面板。

▶▶ 步骤10　在"首页"面板中单击"图文成片"按钮，弹出"图文成片"对话框，在左侧的"智能写文案"选项区中选择"旅行攻略"选项，输入旅行的地点和视频的主题，设置"视频时长"为"1 分钟左右"，如图 1-34 所示。

▶▶ 步骤11　单击"生成文案"按钮，稍等片刻，AI 会创作出三篇相关的文案，内容如图 1-35 所示。

提醒：同一种功能，在剪映电脑版和剪映手机版中的位置、使用方法和作用并不是完全相同的，因此最终效果也会有所不同。用户可以掌握两个版本的操作方法，也可以根据自己的需求和情况，选择其中一个版本进行学习。

图 1-33　进入抖音登录界面

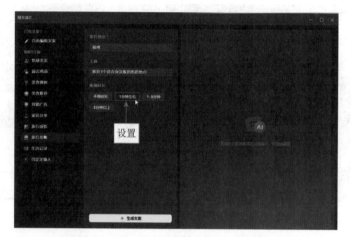

图 1-34　设置"视频时长"为"1 分钟左右"

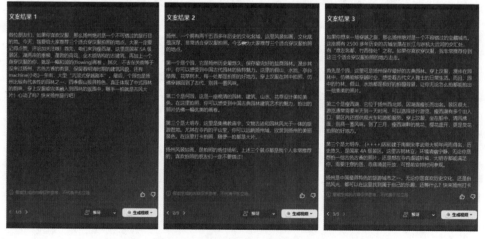

图 1-35　AI 创作的三篇文案内容

1.2.2　智能包装文案

剪映手机版的"智能包装"功能，可以让 AI 根据视频画面创作文案，并自动对文案进行"包装"，包括调整文案的大小和位置、添加合适的文字模板等，一键完成视频文案的生成与美化，效果如图 1-36 所示。

图 1-36　效果展示

具体操作方法如下：

▶▶ 步骤 1　在剪映手机版的"剪辑"界面中，点击"开始创作"按钮，如图 1-37 所示。

▶▶ 步骤 2　进入"照片视频"界面，选择视频素材，选中"高清"复选框，如图 1-38 所示，点击"添加"按钮，即可进入视频编辑界面，并将视频素材添加到视频轨道中。

▶▶ 步骤 3　在底部的工具栏中点击"文字"按钮，如图 1-39 所示，进入文字工具栏。

▶▶ 步骤 4　在文字工具栏中点击"智能包装"按钮，如图 1-40 所示。

▶▶ 步骤 5　AI 会开始对视频画面进行智能分析，并显示分析进度，如图 1-41 所示，分析完成后，会生成包装后的字幕。

▶▶ 步骤 6　在预览区域调整字幕的大小，向右拖动字幕右侧的白色拉杆，将其时长调整为与视频时长保持一致，如图 1-42 所示。

▶▶ 步骤 7　在工具栏中点击"编辑"按钮，弹出字幕编辑面板，点击输入框右侧的🔲按钮，如图 1-43 所示，切换至英文输入框。

▶▶ 步骤 8　删除所有的英文字幕，即可完成字幕的编辑，点击✔按钮，如图 1-44 所示，保存编辑好的字幕。

▶▶ 步骤 9　点击界面右上角的"导出"按钮，如图 1-45 所示，即可将视频导出。

图 1-37 点击"开始创作"
按钮

图 1-38 选中"高清"
复选框

图 1-39 点击"文字"按钮

图 1-40 点击"智能包装"
按钮

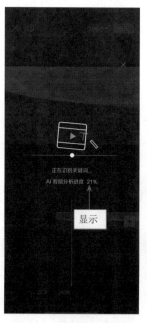

图 1-41 显示分析进度

图 1-42 调整字幕的时长

图 1-43　点击相应按钮（1）　图 1-44　点击相应按钮（2）　图 1-45　点击"导出"按钮

1.2.3　智能推荐文案

　　剪映中的 AI 可以根据视频画面推荐一些文案，用户在其中选择一条合适的文案即可生成字幕。另外，用户可以对字幕的内容进行修改，也可以对字幕的位置、大小和样式进行调整，使其更加美观。需要注意的是，即便是针对同一段素材，AI 每次推荐的文案都不一定相同，因此手机版和电脑版可能会获得不同的文案内容，如图 1-46 所示。

手机版效果

图 1-46　效果展示

电脑版效果

图 1-46　效果展示（续）

1．用剪映手机版制作

剪映手机版操作方法如下：

▶▶ 步骤 1　导入视频素材，依次点击"文字"按钮和"智能文案"按钮，如图 1-47 所示。

扫码看视频

▶▶ 步骤 2　弹出"智能文案"面板，点击"文案推荐"按钮，如图 1-48 所示，即可开始进行视频分析和文案推荐。

▶▶ 步骤 3　在 AI 推荐的文案中，选择一条合适的文案，如图 1-49 所示，自动填入输入框。

图 1-47　点击"智能文案"按钮　图 1-48　点击"文案推荐"按钮　图 1-49　选择文案

▶▶ 步骤 4 在输入框中对文案进行适当修改，如图 1-50 所示，点击◯按钮，退出"智能文案"面板。

▶▶ 步骤 5 按住字幕并向右拖动，调整字幕在轨道中的位置，使其结束位置对准视频的结束位置，在工具栏中点击"编辑"按钮，如图 1-51 所示，进入字幕编辑面板。

图 1-50 对文案进行修改　图 1-51 点击"编辑"按钮

▶▶ 步骤 6 切换至"文字模板"I"春日"选项卡，选择一个好看的文字模板，如图 1-52 所示，即可美化字幕，点击◯按钮，退出字幕编辑面板。

▶▶ 步骤 7 在预览区域调整字幕的大小和位置，如图 1-53 所示，即可完成字幕的编辑。

图 1-52 选择文字模板　图 1-53 调整字幕的大小和位置

2. 用剪映电脑版制作

剪映电脑版操作方法如下：

▶▶ 步骤 1 在剪映电脑版的"首页"面板中，单击"开始创作"

扫码看视频

按钮，如图 1-54 所示。

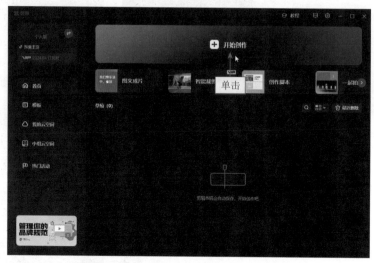

图 1-54　单击"开始创作"按钮

▶▶步骤 2　进入视频编辑界面，在"媒体"功能区的"本地"选项卡中单击"导入"按钮，如图 1-55 所示。

▶▶步骤 3　弹出"请选择媒体资源"对话框，选择视频素材，如图 1-56 所示，单击"打开"按钮，即可将其导入"本地"选项卡中。

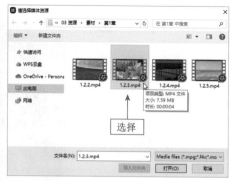

图 1-55　单击"导入"按钮　　　　　图 1-56　选择视频素材

▶▶步骤 4　在"本地"选项卡中单击视频素材右下角的"添加到轨道"按钮⊕，如图 1-57 所示，即可将其添加到视频轨道中。

▶▶步骤 5　切换至"文本"功能区，在"新建文本"选项卡中单击"默认文本"右下角的"添加到轨道"按钮⊕，如图 1-58 所示，为视频添加一段文本。

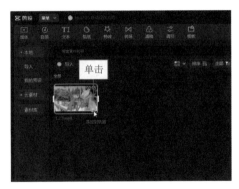

图 1-57　单击"添加到轨道"按钮（1）　图 1-58　单击"添加到轨道"按钮（2）

▶▶ 步骤 6　在"文本"操作区的"基础"选项卡中，单击输入框右侧的"智能文案"按钮，如图 1-59 所示。

▶▶ 步骤 7　弹出"智能文案"对话框，单击"根据画面推荐文案"按钮█，如图 1-60 所示，即可让 AI 推荐合适的文案。

图 1-59　单击"智能文案"按钮　　图 1-60　单击"根据画面推荐文案"按钮

▶▶ 步骤 8　在 AI 推荐的文案中，选择一条喜欢的文案，如图 1-61 所示，即可删除输入框中的内容，并自动填入选择的文案内容，单击█按钮，关闭"智能文案"对话框。

▶▶ 步骤 9　在"基础"选项卡中，设置"字体"为"宋体"，选择一个合适的预设样式，如图 1-62 所示，使字幕更美观。

> 提醒：在"智能文案"对话框中，用户可以单击"上一页"或"下一页"按钮，查看推荐的文案。在选择一条文案之后，AI 还会根据选择的文案内容推荐一些类似的文案，用户可以重新进行选择。

图 1-61　选择一条文案

图 1-62　选择一个预设样式

▶▶ 步骤 10　切换至"气泡"选项卡，单击"全部"按钮，在弹出的列表框中选择"可商用"选项，如图 1-63 所示，筛选出可商用的气泡样式。

▶▶ 步骤 11　在可商用的气泡样式中，选择一个喜欢的样式，如图 1-64 所示，进一步优化字幕。

> 提醒：选择可商用的气泡样式可以降低素材侵权的风险，让用户更安心地进行创作。除了气泡样式之外，剪映中还有很多素材和样式都提供了可商用的选项，例如字体、花字、文字模板、贴纸等，用户可以根据需求进行选择。

图 1-63　选择"可商用"选项

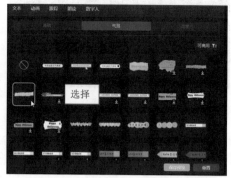

图 1-64　选择一个气泡样式

▶▶ 步骤 12　调整字幕在轨道的位置，使其结束位置对准视频的末尾，如图 1-65 所示。

▶▶ 步骤 13　在"播放器"面板中，调整字幕的位置，使其位于画面的下方，如图 1-66 所示，即可完成字幕的编辑。

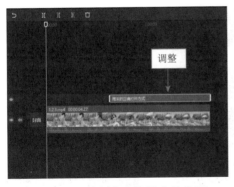

图 1-65　调整字幕在轨道中的位置　　　　图 1-66　调整字幕的位置

1.2.4　智能写作文案

　　剪映中的"智能文案"功能可以根据用户的需求快速写出口播文案（讲解文案）或营销文案，并支持用户对文案进行修改，还能一键生成朗读音频或数字人素材，效果如图 1-67 所示。

晚霞，是大自然赐予我们最美的礼物之一　　　　那一抹抹的温暖色调

图 1-67　效果展示

1．用剪映手机版制作

　　剪映手机版操作方法如下：

　　▶▶ 步骤 1　导入视频素材，依次点击"文字"按钮和"智能文案"按钮，在"智能文案"面板中点击"写讲解文案"按钮，输入"写一段关于晚霞的文案，50 字以内"，如图 1-68 所示，点击 ➡ 按钮，即可开始写作。

　　▶▶ 步骤 2　写作完成后，点击其中的一篇文案，对其内容进行修改，点击"保存"按钮，如图 1-69 所示，保存修改的文案。

　　▶▶ 步骤 3　点击面板右下角的"确认"按钮，如图 1-70 所示，即可使用该文案，并进入相应面板。

扫码看视频

图 1-68　输入提示词　　图 1-69　点击"保存"按钮　图 1-70　点击"确认"按钮

▶▷ 步骤 4　选择"添加文本同时文本朗读"选项，为字幕添加文本朗读效果，如图 1-71 所示，点击"添加至轨道"按钮。

▶▷ 步骤 5　进入"音色选择"面板，在"女声音色"选项卡中选择"心灵鸡汤"音色，如图 1-72 所示，点击✅按钮，即可生成字幕和对应的朗读音频。

▶▷ 步骤 6　选择第一段字幕，在工具栏中点击"编辑"按钮，弹出字幕编辑面板，在合适的位置添加一个逗号，在"字体"|"基础"选项卡中，选择"宋体"选项，如图 1-73 所示，更改字幕的字体。

▶▷ 步骤 7　在"样式"选项卡中，选择一个预设样式，设置"字号"参数为 7，如图 1-74 所示，美化字幕效果，设置的字体、样式和字号效果会同步到其他字幕上。

▶▷ 步骤 8　点击✅按钮，退出字幕编辑面板，由于对文字内容进行了调整，会弹出相应提示框，点击"是"按钮，如图 1-75 所示，让朗读音频根据调整后的字幕内容进行更新。

▶▷ 步骤 9　调整第二段和第三段字幕在轨道中的位置，向左拖动视频素材右侧的白色拉杆，将其时长调整为 10.1s，如图 1-76 所示，去除多余的片段。

图 1-71　选择相应选项　图 1-72　选择"心灵鸡汤"音色　图 1-73　选择"宋体"选项

图 1-74　设置"字号"参数　图 1-75　点击"是"按钮　图 1-76　调整视频素材的时长

2.用剪映电脑版制作

剪映电脑版操作方法如下:

▶▶ 步骤 1　导入视频素材,为其添加一段默认文本,在"文

扫码看视频

本"操作区的输入框中单击"智能文案"按钮，弹出"智能文案"对话框，单击"写口播文案"按钮，输入相应的提示词，如图 1-77 所示，单击 ➡ 按钮，即可开始创作文案。

▶▶ 步骤2 创作完成后，在"智能文案"对话框中选择一篇文案，单击其右下角的"确认"按钮，如图 1-78 所示，即可生成对应的字幕。

图 1-77 输入提示词　　　　　　　　图 1-78 单击"确认"按钮

▶▶ 步骤3 选择添加的默认文本，单击"删除"按钮 ⬚，如图 1-79 所示，将其删除。

▶▶ 步骤4 修改字幕的内容，删除不需要的字幕，全选字幕，在"文本"操作区的"基础"选项卡中，设置"字体"为"宋体"、"字号"参数为7，如图 1-80所示，使文字缩小一些。

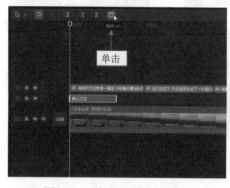

图 1-79 单击"删除"按钮　　　　　　图 1-80 设置"字体"和"字号"参数

▶▶ 步骤5 在"基础"选项卡中，选择一个预设样式，设置"位置"的 X参数为 0、Y 参数为 −800，如图 1-81 所示，调整字幕的样式和位置。

▶▶ 步骤6 切换至"朗读"操作区，在"女声音色"选项卡中选择"心灵鸡汤"音色，单击"开始朗读"按钮，如图1-82所示，即可生成对应的朗读音频。

图1-81 设置"位置"参数

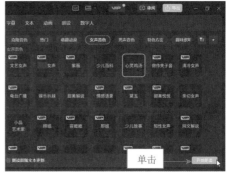

图1-82 单击"开始朗读"按钮

▶▶ 步骤7 调整朗读音频的位置，并根据朗读音频的位置和时长调整三段字幕的位置与时长，如图1-83所示。

▶▶ 步骤8 选择视频素材，向左拖动视频素材右侧的白色拉杆，将其时长调整为00:00:10:10，如图1-84所示，即可完成视频的制作。

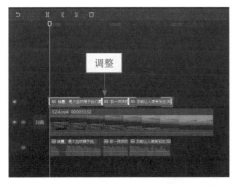

图1-83 调整字幕的位置与时长

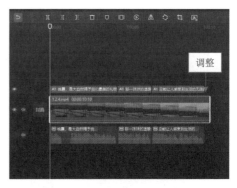

图1-84 调整视频素材的时长

1.2.5 AI 生成文字模板

在剪映中，用户只需要输入文案内容和想要的样式效果，就可以运用AI生成个性化的文字模板。需要注意的是，目前只能输入英文和数字内容进行生成，并且生成的文字模板会自动保存，后续可以直接使用，效果如图1-85所示。

图 1-85　效果展示

1．用剪映手机版制作

剪映手机版操作方法如下：

▶▶ 步骤 1　导入视频素材，拖动时间轴至 00：01 的位置，依次点击"文字"按钮和"文字模板"按钮，如图 1-86 所示，弹出字幕编辑面板，并自动切换至"文字模板"选项卡。

扫码看视频

▶▶ 步骤 2　在"文字模板"选项卡中点击 按钮，如图 1-87 所示，进入文字模板的 AI 创作界面。

▶▶ 步骤 3　在两个输入框中分别输入 Travel Vlog 和"贝壳"，如图 1-88 所示，点击"立即生成"按钮，即可开始生成对应内容的文字模板。

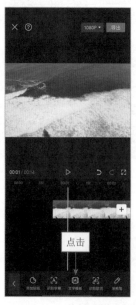

图 1-86　点击"文字模板"按钮　图 1-87　点击相应按钮　图 1-88　输入相应内容

提醒：Travel Vlog 的中文含义为旅行视频日志，其中 Vlog 的英文全称为 Video blog 或 Video log，指的是视频日志。

在文字模板的 AI 创作界面中，第一个输入框用来输入文案内容，第二个输入框则用来输入用户想要的样式效果，即 AI 设计文字模板的提示词。另外，点击"灵感库"按钮，可以查看剪映提供的提示词模板；点击 ⚙ 按钮，弹出"调整"面板，用户可以更改文字模板的字体。

▶▶ 步骤 4　生成结束后，点击文字模板下方的"使用"按钮，如图 1-89 所示，即可为视频添加该文字模板，并将文字模板保存和显示在"文字模板"|"AI 模板"选项卡中。

▶▶ 步骤 5　在预览区域调整文字模板的位置，使其位于画面的上方，如图 1-90 所示，即可完成视频的制作。

图 1-89　点击"使用"按钮　图 1-90　调整文字模板的位置

2. 用剪映电脑版制作

剪映电脑版操作方法如下：

▶▶ 步骤 1　导入视频素材，拖动时间轴至 00:01 的位置，如图 1-91 所示，以便在画面完全显示的位置添加字幕。

▶▶ 步骤 2　切换至"文本"功能区的"AI 生成"选项卡，如图 1-92 所示，用户可以输入文案内容和提示词，单击"立即生成"按钮生成新的文字模板。

扫码看视频

▶▶ 步骤 3　切换至"文字模板"|"AI 文字模板"选项卡，单击相应文字模板右下角的"添加到轨道"按钮 ➕，如图 1-93 所示，即可为视频添加之前生成的文字模板。

▶▶ 步骤4 在"文本"操作区中,设置"位置"的 X 参数为 0、Y 参数为 660,如图 1-94 所示。

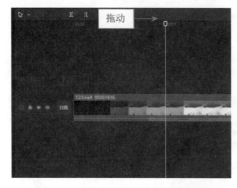

图 1-91　拖动时间轴至相应位置

图 1-92　切换至"AI 生成"选项卡

图 1-93　单击"添加到轨道"按钮

图 1-94　设置"位置"参数

▶▶ 步骤5 执行操作后,即可调整文字模板的位置,如图 1-95 所示。

图 1-95　调整文字模板的位置

第 **2** 章

八个智能成片的技巧

　　智能成片主要有套用模板快速成片、运用素材和文案创作短视频及根据提示词或图片生成短视频这三种方式，不同的方式有其独特的技巧。借助这些技巧，用户可以将日常生活或外出旅行中拍摄的视频和照片，制作成趣味十足的短视频效果，以便留作纪念或与亲友分享。

2.1　四个套用模板快速成片的技巧

在剪映中有多个可以通过模板生成视频的功能，用户可以选择其中一个功能，进行模板的套用。另外，用户还可以对生成的视频进行调整和修改，使效果更具个性。

2.1.1　让 AI 生成抖音热门短视频

运用剪映手机版内置的 AI 助手，用户可以轻松完成抖音热门短视频的生成，而且还可以对视频效果提出意见，让 AI 自动进行修改，效果如图 2-1 所示。

扫码看视频

图 2-1　效果展示

具体操作方法如下：

▶▶ 步骤1　在剪映手机版的"剪辑"界面中点击"对话创作"按钮，进入 Smart Edit 界面，点击"抖音热门短视频"按钮，如图 2-2 所示。

▶▶ 步骤2　执行操作后，即可创建并进入一个主题为抖音热门短视频创作的新对话，AI 会提供一些热门模板供用户选择，如果用户都不喜欢，可以让 AI 根据素材套用模板，在对话的下方点击"上传素材"按钮，如图 2-3 所示。

▶▶ 步骤3　弹出"最近项目"面板，选择五段素材，如图 2-4 所示。

▶▶ 步骤4　点击∧按钮，将素材上传，AI 会根据上传的素材自动套用四个模板生成对应的短视频，用户可以选择生成的第一个短视频，如图 2-5 所示。

▶▶ 步骤5　执行操作后，即可进入预览界面，查看第一个短视频效果，如图 2-6 所示。

▶▶ 步骤6　点击╳按钮，退出预览界面，点击视频下方的"不满意，重新生成"按钮，即可让 AI 重新套用模板生成四段新视频，之后可再次选择喜欢的短视频，如图 2-7 所示。

提醒：在"最近项目"面板的右下角点击"全部"按钮，可以进入"照片视频"界面来选择素材。另外，用户也可以切换至"剪映云"界面或"素材库"界面，选择自己上传的素材或剪映提供的在线素材。

图 2-2　点击"抖音热门短视频"按钮

图 2-3　点击"上传素材"按钮

图 2-4　选择素材

图 2-5　选择第一个短视频

图 2-6　查看视频效果

图 2-7　选择喜欢的短视频

提醒：在预览界面中，用户可以通过左右滑动来分别查看生成的四个短视频。如果用户觉得某个短视频还不错，但仍需要修改，可以在该视频的下方点击"继续提要求"按钮，即可返回对话界面，针对选择的视频提出意见；也可以点击"边看边改"按钮，进入相应界面，如图 2- 8 所示，即可一边观看视频效果一边要求 AI 对视频进行修改。

▶▶ 步骤7 进入预览界面，查看视频效果，如果用户觉得满意，可以点击界面右上角的 ⬆ 按钮，如图 2-9 所示，将视频导出。

图 2-8　进入相应界面　　图 2-9　点击相应按钮

2.1.2　智能剪出同款视频

在剪映手机版的"剪同款"界面中，有非常多精美、有趣的视频模板，用户可以选择和搜索模板，并上传自己拍摄的素材，即可轻松生成同款视频，效果如图 2-10 所示。

扫码看视频

具体操作方法如下：

▶▶ 步骤1 在剪映手机版的"剪同款"界面中，点击界面上方的输入框，输入"取景器里的春天"，如图 2-11 所示，点击"搜索"按钮，即可搜索相应的视频模板。

▶▶ 步骤2 在搜索结果中，选择一个喜欢的模板，如图 2-12 所示，即可进入相应界面，预览模板效果。

▶▶ 步骤3 预览结束后，点击界面右下角的"剪同款"按钮，如图 2-13 所示。

图 2-10　效果展示

图 2-11　输入相应内容　　图 2-12　选择视频模板　　图 2-13　点击"剪同款"按钮

▶▶ 步骤4　进入"照片视频"界面,选择六段素材,如图2-14所示,点击"下一步"按钮,即可开始套用模板生成视频。

▶▶ 步骤5　生成结束后,即可进入相应界面,查看视频效果,如图2-15所示。

▶▶ 步骤6　如果用户对视频效果感到满意,可以点击界面右上角的"导出"按钮,在弹出的"导出设置"对话框中,点击■按钮,如图2-16所示,即可导出并保存无水印的视频效果。

图 2-14　选择六段素材　　图 2-15　查看视频效果　　图 2-16　点击相应按钮

2.1.3　选择素材一键成片

剪映手机版的"一键成片"功能可以满足用户快速制作短视频的需求，只需要选择相应的素材，点击"下一步"按钮，AI 就会推荐一些模板，用户可以选择合适的模板后直接导出视频，也可以再对视频进行修改，效果如图 2-17 所示。

扫码看视频

图 2-17　效果展示

具体操作方法如下：

▶▶步骤1　在剪映手机版的"剪辑"界面中，点击左上方的"一键成片"按钮，如图2-18所示。

▶▶步骤2　进入"照片视频"界面，选择三段视频素材，如图2-19所示，点击"下一步"按钮，即可开始智能推荐模板。

▶▶步骤3　进入"选择模板"界面，自动套用并播放第一个模板的效果，在下方提供的模板中选择一个喜欢的模板，如图2-20所示，即可查看模板效果。

图2-18　点击"一键成片"按钮　　图2-19　选择视频素材　　图2-20　选择一个模板

▶▶步骤4　点击模板上的"点击编辑"按钮，进入模板编辑界面，选择第二个片段，在弹出的工具栏中点击"替换"按钮，如图2-21所示。

▶▶步骤5　进入"照片视频"界面，选择要替换的素材，如图2-22所示，即可完成第二个片段的替换，并返回模板编辑界面，查看替换素材后的视频效果。

▶▶步骤6　点击界面右上角的"导出"按钮，在弹出的"导出设置"对话框中，点击■按钮，如图2-23所示，将视频导出。

图 2-21　点击"替换"按钮　　图 2-22　选择要替换的素材　　图 2-23　点击相应按钮

2.1.4　搜索模板迅速成片

在剪映的视频编辑界面中，用户可以直接搜索并使用模板，还可以删除模板中的字幕和贴纸等素材，重新添加需要的素材，效果如图 2-24 所示。

图 2-24　效果展示

1．用剪映手机版制作

剪映手机版操作方法如下：

▷▷ 步骤 1　导入五段素材，在底部的工具栏中点击"模板"按钮，如图 2-25 所示，进入"模板"选项卡。

▷▷ 步骤 2　输入并搜索"云朵"，在"搜索结果"选项区中

扫码看视频

选择一个合适的模板，如图 2-26 所示。

▶▶ 步骤3 执行操作后，进入模板预览界面，查看模板效果，点击"去使用"按钮，如图 2-27 所示。

图 2-25　点击"模板"按钮　　图 2-26　选择一个模板　　图 2-27　点击"去使用"按钮

▶▶ 步骤4 进入"照片视频"界面，点击"自动填充工程中已导入的素材？"右侧的"一键填入"按钮，如图 2-28 所示。

▶▶ 步骤5 执行操作后，即可将之前导入的五段素材自动填入素材框中，点击"下一步"按钮，如图 2-29 所示，即可套用模板生成视频，并进入模板编辑界面。

▶▶ 步骤6 在模板编辑界面中，点击"编辑更多"按钮，如图 2-30 所示，即可进入视频编辑界面，对模板中的元素进行更改。

提醒：有些模板需要付费才能解锁"编辑更多"功能，有些模板则不需要。不过，剪映会员可以解锁所有模板的"编辑更多"功能，不需要再额外付费。因此，如果用户需要对模板进行进一步的修改，可以考虑单独付费解锁或购买会员服务。

图 2-28　点击"一键填入"
按钮

图 2-29　点击"下一步"
按钮

图 2-30　点击"编辑更多"
按钮

图 2-31　点击"删除"
按钮（1）

图 2-32　点击"画中画"
按钮

▶▷ 步骤7　在视频编辑界面中，选择画面上方的字幕，在弹出的工具栏中点击"删除"按钮，如图 2-31 所示，将其删除。用同样的方法，将画面下方的贴纸也进行删除。

▶▷ 步骤8　在底部的工具栏中点击"画中画"按钮，如图 2-32 所示，即可显示所有画中画轨道。

▶▷ 步骤9　选择画中画轨道中的白色素材，点击"删除"按钮，如图 2-33

剪映 AI 短视频＋虚拟数字人制作实操大全

所示，将其删除，即可删除模板中所有不需要的素材。

▶▶ 步骤10 在视频轨道中的第二段素材的起始位置，点击"特效"按钮，如图 2-34 所示，进入特效工具栏。

▶▶ 步骤11 点击"画面特效"按钮，如图 2-35 所示，进入画面特效素材库。

图 2-33　点击"删除"
按钮（2）

图 2-34　点击"特效"
按钮

图 2-35　点击"画面特效"
按钮

▶▶ 步骤12 在"电影"选项卡中，选择"电影感"特效，如图 2-36 所示，点击✔按钮，即可为第二段素材添加一个特效。

▶▶ 步骤13 在 00:07 位置底部的工具栏中点击"贴纸"按钮，如图 2-37 所示，进入贴纸素材库。

▶▶ 步骤14 在"线条风"选项卡中，选择一个贴纸，如图 2-38 所示，点击✔按钮，即可为第二段素材添加一个贴纸。

▶▶ 步骤15 向左拖动贴纸右侧的白色拉杆，调整贴纸的时长，如图 2-39 所示，使其结束位置对准视频的结束位置。

▶▶ 步骤16 在预览区域调整贴纸的位置，使其位于画面的右下角，在工具栏中点击"动画"按钮，如图 2-40 所示，弹出"贴纸动画"面板。

▶▶ 步骤17 在"入场动画"选项卡中选择"渐显"动画，设置动画时长为 0.5s，如图 2-41 所示，缩短动画的持续时长，即可完成视频的制作。

图 2-36 选择"电影感"特效

图 2-37 点击"贴纸"按钮

图 2-38 选择一个贴纸

图 2-39 调整贴纸的时长

图 2-40 点击"动画"按钮

图 2-41 设置动画时长

2. 用剪映电脑版制作

剪映电脑版操作方法如下：

▶▶ 步骤 1 将所有素材添加到"本地"选项卡中，在"模板"功能区的"模板"选项卡中，输入并搜索"云朵"，在搜索结果中单击相应模板右下角的"添加到轨道"按钮⊕，如图 2-42 所示，将模板添加到视频轨道中。

扫码看视频

▶▶ 步骤 2 在视频轨道中单击模板上的"5 个素材待替换"按钮，如图2-43所示，弹出素材替换框。

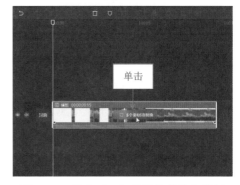

图 2-42 单击"添加到轨道"按钮（1）　　图 2-43 单击"5 个素材待替换"按钮

▶▶ 步骤 3 切换至"媒体"功能区，选择第一段素材，按住鼠标左键将其拖动至第一个片段的位置，如图 2-44 所示，释放鼠标左键，即可完成替换。

▶▶ 步骤 4 用同样的方法，替换其他四段素材，如图 2-45 所示。

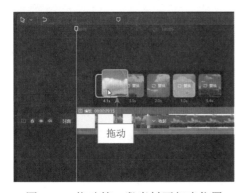

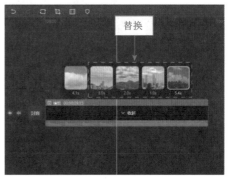

图 2-44 拖动第一段素材至相应位置　　图 2-45 替换其他四段素材

▶▶ 步骤 5 单击"收起"按钮，收回素材替换框，选择模板，在"文本"操作区的右下角单击"解锁草稿"按钮，如图 2-46 所示，即可展开模板草稿。

▶▶ 步骤 6 选择字幕，单击"删除"按钮🗑，如图 2-47 所示，将其删除。用同样的方法，将贴纸和白场素材也删除。

图 2-46　单击"解锁草稿"按钮

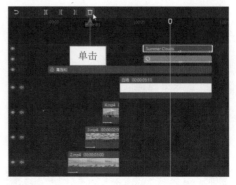

图 2-47　单击"删除"按钮

▶▶ 步骤 7　拖动时间轴至视频轨道中的第二段素材的起始位置，切换至"特效"功能区，在"画面特效"｜"电影"选项卡中，单击"电影感"特效右下角的"添加到轨道"按钮 ⊕，如图 2-48 所示，添加一段特效。

▶▶ 步骤 8　向右拖曳"电影感"特效右侧的白色拉杆，调整特效的时长，如图 2-49 所示，使其结束位置对准视频的结束位置。

图 2-48　单击"添加到轨道"按钮（2）

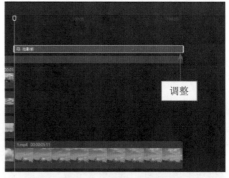

图 2-49　调整特效时长

▶▶ 步骤 9　拖动时间轴至 00：07 的位置，切换至"贴纸"功能区，在"贴纸素材"｜"线条风"选项卡中，单击相应贴纸右下角的"添加到轨道"按钮 ⊕，如图 2-50 所示，添加一个贴纸。

▶▶ 步骤 10　向左拖动贴纸右侧的白色拉杆，调整贴纸的时长，如图 2-51 所示，使其结束位置对准视频的结束位置。

▶▶ 步骤 11　在"贴纸"操作区中，设置"缩放"参数为 80%、"位置"选项的 X 参数为 1290、Y 参数为 −900，如图 2-52 所示，调整贴纸的大小和位置，使其位于画面的右下角。

图 2-50　单击"添加到轨道"按钮（3）

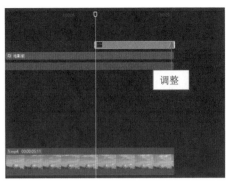

图 2-51　调整贴纸时长

图 2-52　设置"缩放"和"位置"参数

▶▶ 步骤12　在"动画"操作区中，选择"渐显"入场动画，如图 2-53 所示，为贴纸添加入场动画。

图 2-53　选择"渐显"入场动画

2.2　两个运用素材和文案创作短视频的技巧

　　如果用户需要制作一个有明确主题和文案要求的短视频，可以使用"营销成片"功能和"图文成片"功能来完成创作。这两个功能不仅可以根据用户提供的素材和文案来生成视频，还可以根据用户的需求生成短视频文案或匹配在线素材，进一步提高视频制作的效率。

2.2.1　智能生成营销短视频

　　剪映手机版的"营销成片"功能可以帮助用户快速完成营销短视频的制作，用户只需要上传产品素材，并提供产品名称和卖点，就能一键生成营销推广视频，效果如图 2-54 所示。

扫码看视频

图 2-54　效果展示

　　具体操作方法如下：

　　▶▶ 步骤 1　在剪映手机版的"剪辑"界面中，点击"展开"按钮，展开功能面板，点击"营销成片"按钮，如图 2-55 所示，进入"营销推广视频"界面。

　　▶▶ 步骤 2　点击"添加素材"下方的➕按钮，如图 2-56 所示。

　　▶▶ 步骤 3　进入"照片视频"界面，选择三段素材，如图 2-57 所示，点击"下一步"按钮，将素材上传，并返回"营销推广视频"界面。

　　▶▶ 步骤 4　在"产品名称"和"产品卖点"下方的输入框中分别输入"玉轮蓝牙音箱""独特的月球表面与黑胶碟片设计、卓越音质、蓝牙速联、音箱时钟小夜灯三合一"，如图 2-58 所示。

　　▶▶ 步骤 5　点击"展开更多"按钮，在"优惠活动"下方的输入框中输入"中秋福利，立减 30，现在只需 129 元"，如图 2-59 所示，点击"生成视频"按钮，即可让 AI 根据提供的素材和信息创作文案，生成五个营销短视频。

▶▶ 步骤6 生成结束后，进入预览界面，自动播放第一个视频效果，选择第四个营销短视频，如图2-60所示，点击"导出"按钮，在弹出的"导出设置"对话框中点击■按钮，即可导出制作好的营销短视频。

图2-55　点击"营销成片"按钮　图2-56　点击相应按钮　图2-57　点击"下一步"按钮

图2-58　输入相应内容（1）　图2-59　输入相应内容（2）图2-60　选择第四个营销短视频

2.2.2　运用 AI 图文成片

"图文成片"功能可以根据用户的需求创作视频文案，用户选择和调整好文案后，就可以进行视频的生成了。在生成视频时，用户可以设置视频的朗读音色和成片方式，效果如图 2-61 所示。

图 2-61　效果展示

1．用剪映手机版制作

剪映手机版操作方法如下：

▶▷ 步骤 1　在剪映手机版的"剪辑"界面中点击"图文成片"按钮，如图 2-62 所示。

▶▷ 步骤 2　进入"图文成片"界面，点击"自定义输入"按钮，如图 2-63 所示。

扫码看视频

图 2-62　点击"图文成片"　图 2-63　点击"自定义输入"
　　　　　按钮　　　　　　　　　　按钮

▶▷ 步骤 3　在弹出的输入框中输入"写一篇关于桥梁的短视频文案，要求

60 字以内"，如图 2-64 所示，点击"生成"按钮，即可开始生成文案，并进入"确认文案"界面。

▶▶ 步骤 4 AI 会创作三篇文案，用户可以从中选择一篇满意的文案直接使用或进行调整，选择第一篇文案，点击右上角的 ✐ 按钮，如图 2-65 所示。

▶▶ 步骤 5 执行操作后，进入文案编辑界面，对文案内容进行调整，如图 2-66 所示，点击"应用"按钮。

图 2-64 输入提示词　　图 2-65 点击相应按钮（1）　　图 2-66 调整文案内容

▶▶ 步骤 6 弹出"请选择成片方式"对话框，选择"使用本地素材"选项，如图 2-67 所示，即可开始生成视频。

▶▶ 步骤 7 生成结束后，进入视频预览界面，查看生成的视频效果并进行初步编辑，选择第一段字幕，在工具栏中点击"编辑"按钮，如图 2-68 所示，弹出字幕编辑面板。

▶▶ 步骤 8 在文本框中，为第一段字幕添加适当的标点符号，如图 2-69 所示。

▶▶ 步骤 9 在"字体"|"基础"选项卡中，设置字体为"宋体"，如图 2-70 所示，更改文字字体。

▶▶ 步骤 10 在"样式"选项卡中，选择一个白底黑字的样式，如图 2-71 所示，美化字幕效果。

▶▶ 步骤 11　在"样式"Ι"粗斜体"选项卡中，点击 B 按钮，如图 2-72 所示，为字幕添加粗体效果，点击 ✓ 按钮，完成对字幕的调整，AI 会重新生成对应的朗读音频。

图 2-67　选择"使用本地素材"选项

图 2-68　点击"编辑"按钮

图 2-69　添加标点符号

图 2-70　设置文字字体

图 2-71　选择一个样式

图 2-72　点击相应按钮（2）

▶▶ 步骤 12　用同样的方法，为第三段字幕添加标点符号，在工具栏中点击"音色"按钮，如图 2-73 所示。

▶▶ 步骤 13　弹出"音色选择"面板，在"女声音色"选项卡中选择"心灵鸡汤"音色，如图 2-74 所示，点击✓按钮，即可更改视频的朗读音色。

▶▶ 步骤 14　在视频轨道中，点击第一个"添加素材"按钮，如图 2-75 所示。

图 2-73　点击"音色"按钮　图 2-74　选择"心灵鸡汤"音色　图 2-75　点击"添加素材"按钮

▶▶ 步骤 15　进入相应界面，在"照片视频"选项卡中选择第一段素材，如图 2-76 所示，即可将其填充为第一个片段。用同样的方法，填充剩下两个片段。

▶▶ 步骤 16　点击✕按钮，返回视频预览界面，点击"导出"按钮，如图 2-77 所示，即可将视频导出。

图 2-76　选择第一段素材　图 2-77　点击"导出"按钮

2. 用剪映电脑版制作

剪映电脑版操作方法如下：

▶▶ 步骤 1　在剪映电脑版的首页单击"图文成片"按钮，如图 2-78 所示。

扫码看视频

图 2-78　单击"图文成片"按钮

▶▶ 步骤 2　弹出"图文成片"对话框，在左侧的"智能写文案"选项区中选择"自定义输入"选项，在中间的输入框中输入"写一篇关于桥梁的短视频文案，要求 60 字以内"，如图 2-79 所示。

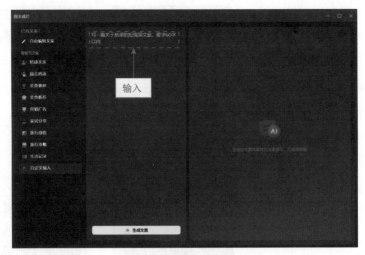

图 2-79　输入提示词

▶▶ 步骤 3　单击"生成文案"按钮，即可生成三篇文案，选择第一篇文案并调整其内容，单击朗读音色，在弹出的列表框中选择"心灵鸡汤"音色，如图 2-80 所示。

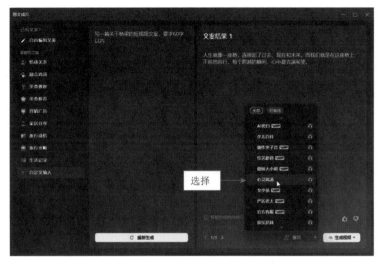

图 2-80　选择"心灵鸡汤"音色

▶▶ 步骤4　单击"生成视频"按钮，在弹出的列表框中选择"使用本地素材"选项，如图 2-81 所示，即可开始生成视频，生成结束后，进入视频编辑界面。

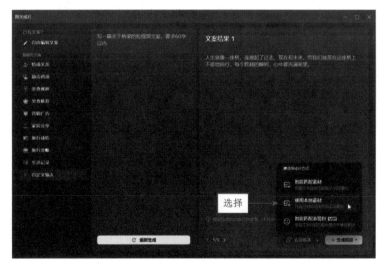

图 2-81　选择"使用本地素材"选项

▶▶ 步骤5　选择第一段字幕，在"文本"操作区中，在字幕的适当位置添加标点符号，如图 2-82 所示，单击任意位置，即可根据调整后的字幕内容更新朗读音频。

▶▶ 步骤6 更改文字字体，单击**B**按钮，如图 2-83 所示，为字幕添加加粗效果。

图 2-82　添加标点符号

图 2-83　单击相应按钮

▶▶ 步骤7 在"预设样式"选项区中，选择一个白底黑字的样式，如图 2-84 所示，提高字幕的美观度。用同样的方法，为第三段字幕添加合适的标点符号。

▶▶ 步骤8 调整字幕和朗读音频的位置与时长，并根据三段字幕和朗读音频的总时长调整背景音乐的时长，如图 2-85 所示。

图 2-84　选择一个白底黑字的样式

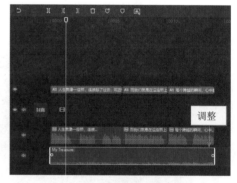

图 2-85　调整背景音乐的时长

> 提醒：用户对字幕的内容进行调整后，AI 会自动更新朗读音频，因此字幕和朗读音频的时长也会发生变化。在本案例中，由于第一段和第三段的字幕与朗读音频的时长变短，出现了一些空白片段，为了去除这些空白片段，因此需要调整字幕和朗读音频的位置，以及背景音乐的时长。
>
> 在剪映手机版中，由于字幕、朗读音频和背景音乐的时长与位置会自动进行调整，因此不需要用户进行操作，但在剪映电脑版中，用户需要手动进行调整。

▶▶ 步骤9 将三段视频素材添加到"本地"选项卡中，单击第一段素材右下角的"添加到轨道"按钮➕，如图 2-86 所示，即可将三段素材按顺序添加到视频轨道中。

▶▶ 步骤10 分别拖动每段素材右侧的白色拉杆，调整它们的时长，如图 2-87 所示，使每一段素材的时长与对应的字幕和朗读音频的时长保持一致，即可完成视频的制作。

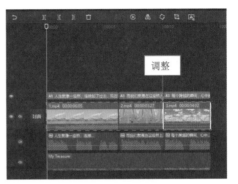

图 2-86　单击"添加到轨道"按钮　　　图 2-87　调整素材的时长

2.3　两个根据提示词或图片生成短视频的技巧

Dreamina 是剪映公司推出的智能图像与视频生成工具，它可以帮助用户将脑海中的想法轻松转化为精美的图像或视频效果。对于没有视频素材的用户来说，通过输入提示词或上传参考图就可以获得 Dreamina 创作的短视频。

2.3.1　根据提示词生成视频

扫码看视频

提示词指的是用户输入的、关于视频内容的描述语，提示词的内容决定了生成的视频内容。因此，用户需要使用便于理解、描述具体的语言来编写提示词，从而获得满意的视频效果，如图 2-88 所示。

图 2-88　效果展示

具体操作方法如下：

▶▶ 步骤 1　在浏览器中输入并搜索 Dreamina，在搜索结果中单击官网链接，如图 2-89 所示，即可进入首页。

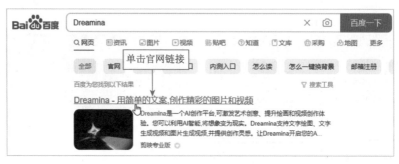

图 2-89　单击官网链接

▶▶ 步骤 2　在首页的右上角单击"登录"按钮，进入相应页面，选中"同意使用剪映账号登录 Dreamina，并同意用户协议／隐私政策"复选框，单击"登录"按钮，如图 2-90 所示。

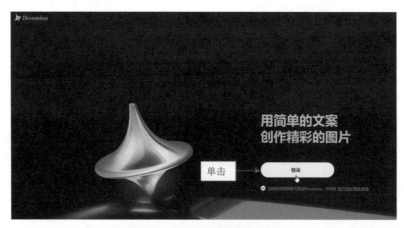

图 2-90　单击"登录"按钮

▶▶ 步骤 3　弹出"抖音授权登录"页面，如图 2-91 所示，根据页面提示进行扫码登录或手机验证码登录，登录完成后，即可返回首页。

▶▶ 步骤 4　在首页左侧的导航栏中，单击"视频生成"按钮，如图 2-92 所示。

▶▶ 步骤 5　进入"视频生成"页面，切换至"文本生视频"选项卡，在输入框中输入"一朵荷花随风摇曳"，如图 2-93 所示。

▶▶ 步骤 6　单击"生成视频"按钮，如图 2-94 所示，在页面右侧会开始生成视频，并显示生成进度。

图 2-91 弹出"抖音授权登录"页面

图 2-92 单击"视频生成"按钮

图 2-93 输入提示词

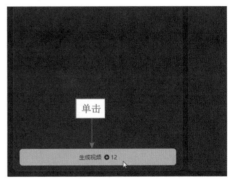

图 2-94 单击"生成视频"按钮

> 提醒：目前，Dreamina 的"生成视频"功能还处于内测阶段，用户需要先进行申请，获得内测资格后才能使用。
>
> Dreamina 会在每天的零点送给用户 60 积分，每次生成视频需要使用 12 积分，因此用户每天可以免费生成五次视频。需要注意的是，每天赠送的 60 积分如果当天没有用完，则会在当天的 23 点 59 分过期清零，无法积攒到第二天。
>
> 如果用户用完了 60 积分，并且当天还需要继续生成视频，则需要开通 Dreamina 的会员服务来获得更多积分。

▶▶ 步骤 7 生成结束后，即可查看视频效果，单击"下载"按钮，如图 2-95 所示，根据提示进行操作，将视频下载到本地文件夹中。

▶▶ 步骤 8 由于 Dreamina 生成的视频是没有声音的，用户可以运用剪映为其添加背景音乐，让视频效果更完整。打开剪映电脑版，将生成的视频导入视频轨道，切换至"音频"功能区，在"音乐素材" | "纯音乐"选项卡中，单击相应音乐右下角的"添加到轨道"按钮，如图 2-96 所示，为视频添加一段背景音乐。

图 2-95　单击"下载"按钮

> 提醒：需要注意的是，AI 每次生成的短视频效果并不一定相同，因此用户会发现视频中生成的效果与书稿中的效果不一致，但操作方法是相同的，用户掌握好操作方法后，就可以生成自己需要的视频了。

▶▶ 步骤9　拖动时间轴至视频结束位置，单击"向右裁剪"按钮▮，如图 2-97 所示，删除多余的背景音乐，完成视频背景音乐的添加。

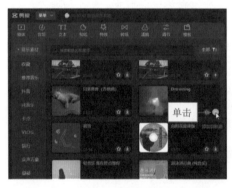

图 2-96　单击"添加到轨道"按钮

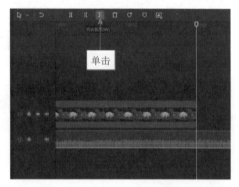

图 2-97　单击"向右裁剪"按钮

> 提醒：由于 Dreamina 目前只有网页版，因此在本案例中使用剪映电脑版进行添加背景音乐的操作，相比于将生成的视频传输到手机上，再用剪映手机版添加背景音乐，这样操作更方便、快捷。

2.3.2　根据图片生成视频

用户可以上传一张参考图，让 AI 根据图片来生成一段对应内

扫码看视频

容的视频，效果如图 2-98 所示。

图 2-98　效果展示

具体操作方法如下：

▶▶ 步骤 1　在"视频生成"页面的"图片生视频"选项卡中，单击"上传图片"按钮，如图 2-99 所示。

▶▶ 步骤 2　执行操作后，弹出"打开"对话框，在相应文件夹中选择要上传的参考图，如图 2-100 所示。

图 2-99　单击"上传图片"按钮　　　　图 2-100　选择参考图

▶▶ 步骤 3　单击"打开"按钮，即可将其上传，如图 2-101 所示。

▶▶ 步骤 4　展开"运镜控制"选项区，在"运镜类型"列表框中选择"推近"选项，如图 2-102 所示，为视频添加运镜效果。

▶▶ 步骤 5　单击"生成视频"按钮，开始生成视频，生成结束后，即可查看视频效果，如图 2-103 所示，并将生成的视频下载备用。

▶▶ 步骤 6　在剪映电脑版中，为生成的视频添加"音乐素材"|"纯音乐"选项卡中的背景音乐，并调整其时长，如图 2-104 所示。

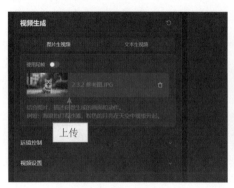

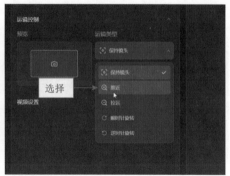

图 2-101　上传参考图　　　　　　　　图 2-102　选择"推近"选项

图 2-103　查看视频效果

图 2-104　调整背景音乐的时长

提醒：在"图片生视频"选项卡中，用户上传参考图后，也可以输入提示词，对视频的内容提出要求，从而获得更符合需求的视频效果。

第 **3** 章

九个 AI 绘画
与图片编辑的
技巧

当用户想在视频中插入一张图片或为视频添加一张封面图，却发现没有合适的图片时，可以通过 AI 绘画功能来生成需要的素材。如果用户想使用图片来制作视频，却发现图片不够清晰，或者图片中的元素太多，也可以借助 AI 图片编辑功能来提升图片清晰度或抠出需要的图片元素。

3.1 五个剪映 AI 绘画的技巧

剪映作为一个视频剪辑软件，也贴心地提供了一些 AI 绘画的功能，帮助用户进行图片创作。除了可以生成图片素材之外，用户还可以运用剪映来生成电商海报和趣味贴纸，为视频增加新意。

3.1.1 通过对话让 AI 生图

剪映手机版的 AI 助手会提供一些参考图片，用户可以选择某一张图片来生成同款，也可以使用提示词来让 AI 生图，效果如图 3-1 所示。

扫码看视频

图 3-1 效果展示

具体操作方法如下：

▶▶ 步骤 1 在剪映手机版的"剪辑"界面中点击"对话创作"按钮，进入 Smart Edit 界面，点击"AI 生图"按钮，如图 3-2 所示。

▶▶ 步骤 2 执行操作后，即可创建并进入一个主题为 AI 生图的新对话，AI 会提供一些热门图片效果，用户可以点击相应图片下的"做同款"按钮，获得图片的提示词进行生成，也可以输入并发送提示词，AI 会根据提示词生成四张图片，选中第二张图片右下角的复选框，在下方点击"这个还行，想再优化一下"按钮，如图 3-3 所示。

▶▶ 步骤3 在 AI 的回复下方，点击"生成更多画面细节"按钮，如图 3-4 所示。

图 3-2 点击"AI 生图"按钮

图 3-3 点击相应按钮（1）

图 3-4 点击相应按钮（2）

▶▶ 步骤4 执行操作后，即可获得进一步细化的高清图片，选择图片，如图 3-5 所示。

▶▶ 步骤5 进入相应界面，查看放大的图片效果，点击 ⬇ 按钮，如图 3-6 所示，即可将图片保存到手机中。

图 3-5 选择图片

图 3-6 点击相应按钮（3）

3.1.2　设置 AI 作图的参数

剪映手机版的"AI 作图"功能支持用户对图片比例和精细度等参数进行设置，从而让生成的图片更符合用户的需求，效果如图 3-7 所示。

扫码看视频

图 3-7　效果展示

具体操作方法如下：

▶▷ 步骤1　在剪映手机版的"剪辑"界面中，展开功能面板，点击"AI 作图"按钮，如图 3-8 所示，进入"创作"界面。

▶▷ 步骤2　在下方的输入框中输入"夏天的荷花，摄影，胶片感，清透，刻画精细，近景"，如图 3-9 所示。

▶▷ 步骤3　点击▦按钮，弹出"参数调整"面板，设置"图片比例"为 16∶9、"精细度"为 50，如图 3-10 所示，调整图片的比例和精细度，点击✅按钮，确认设置的参数。

▶▷ 步骤4　点击"立即生成"按钮，即可发送提示词，让 AI 开始作图，稍等片刻，AI 会生成四张图片，选择第四张图片，在下方弹出的工具栏中点击"超清图"按钮，如图 3-11 所示。

▶▷ 步骤5　执行操作后，即可获得第四张图片的超清图，选择超清图，如图 3-12 所示。

▶▷ 步骤6　执行操作后，即可将超清图放大进行查看，点击右上角的"导出"按钮，如图 3-13 所示，即可将生成的图片保存到手机相册中。

提醒：由于直接生成的图片容量比较小，如果用户想保存和使用图片，最好先生成超清图，从而获得更大容量且更清晰的图片效果。

图 3-8　点击"AI 生图"按钮

图 3-9　输入提示词

图 3-10　设置"比例"和"精细度"

图 3-11　点击"超清图"按钮

图 3-12　选择生成的超清图

图 3-13　点击"导出"按钮

3.1.3　AI 生成商品背景图

扫码看视频

对于有卖货和带货需求的用户来说，拍摄好看的商品图是一件需要花费不少精力和时间的事情，既要准备拍摄的场景和道具，又要掌握一定的拍摄技能。剪映手机版的"AI 商品图"功能可以帮助用户节省一些时间和精力，用户只需要提供一张有商品主体的图片，AI 就能抠出商品主体，并提供多种类型和场景的背景样式供用户选择。素材和效果对比如图 3-14 所示。

图 3-14　素材（左）和效果（右）对比展示

具体操作方法如下：

▶▶ 步骤 1　在剪映手机版的"剪辑"界面中，展开功能面板，点击"AI 商品图"按钮，如图 3-15 所示，进入"照片视频"界面。

▶▶ 步骤 2　选择图片，进入预览界面，选中界面左下角的"高清"复选框，如图 3-16 所示，点击"添加"按钮，即可选择并导入该图片。

提醒：在"照片视频"界面中，用户如果直接选中图片右上角的单选按钮后点击"添加"按钮，就会导入非高清的图片。因此，为了获得更清晰的抠图效果，用户最好先选择图片，在预览界面中进行操作。

▶▶ 步骤 3　进入"AI 商品图"界面，AI 会自动对图片进行抠图处理，将商品主体抠出来，调整商品主体的位置和大小，如图 3-17 所示。

图 3-15　点击"AI 商品图"　　图 3-16　选中相应复选框　　图 3-17　调整商品主体的
　　　　　按钮　　　　　　　　　　　　　　　　　　　　　　　　　位置和大小

▶▶ 步骤 4　在"鲜花"选项卡中，选择"樱花"选项，如图 3-18 所示，即可开始智能生成商品背景图。

▶▶ 步骤 5　生成结束后，即可查看图片效果，点击界面右上角的"导出"按钮，如图 3-19 所示，将图片保存。

图 3-18　选择"樱花"选项　　图 3-19　点击"导出"按钮

3.1.4 AI 创作趣味贴纸

想为短视频添加更多个性化的元素，用户可以使用剪映创作出自己的贴纸，并将其保存，就能在后续制作视频时使用了。手机版和电脑版创作的贴纸效果如图 3-20 所示。

图 3-20　手机版（左）和电脑版（右）创作的贴纸效果展示

1. 用剪映手机版制作

剪映手机版操作方法如下：

▶▷ 步骤1　在剪映手机版中导入一段绿幕背景素材，在底部的工具栏中点击"贴纸"按钮，如图 3-21 所示，进入贴纸素材库。

▶▷ 步骤2　在贴纸素材库的右上方点击 按钮，如图 3-22 所示，进入"创作"界面。

扫码看视频

图 3-21　点击"贴纸"按钮　　图 3-22　点击相应按钮

▶▶ 步骤 3 在输入框中输入"可爱的柴犬"，如图 3-23 所示，点击"立即生成"按钮，即可创作四张柴犬贴纸。

▶▶ 步骤 4 选择第四张贴纸，在弹出的工具栏中点击"使用"按钮，如图 3-24 所示。

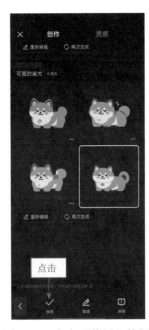

图 3-23 输入提示词　　图 3-24 点击"使用"按钮

▶▶ 步骤 5 返回视频编辑界面，上一步选择的贴纸已经添加到视频中，如图 3-25 所示，并保存在"AI 贴纸"选项卡中，用户下次可以直接进行添加。

▶▶ 步骤 6 在预览区域中调整贴纸的大小，如图 3-26 所示，点击"导出"按钮，将贴纸导出保存。

图 3-25 添加贴纸　　图 3-26 调整贴纸的大小

提醒：由于剪映手机版不支持下载生成的贴纸，本案例是以制作贴纸绿幕素材的方式来介绍运用 AI 创作贴纸的操作方法，因此最后制作出的效果是没有声音的，这样可以避免在后续使用的过程中还要单独调整素材的音频。

当然，用户也可以直接在"AI 贴纸"选项卡中为视频添加生成的贴纸，这样更方便、快捷。不过，将贴纸制作成绿幕素材后，用户可以对其进行更多编辑，还可以作为自己的素材应用在其他视频和软件中。

2．用剪映电脑版制作

剪映电脑版操作方法如下：

▶▶ 步骤 1 进入视频编辑界面，切换至"贴纸"功能区，在"AI 生成"选项卡中输入"可爱的柴犬"，如图 3-27 所示，单击"立即生成"按钮，即可创作四张相应内容的贴纸。

扫码看视频

▶▶ 步骤 2 将鼠标移至第一张贴纸上，单击右下角的"下载"按钮，如图 3-28 所示。

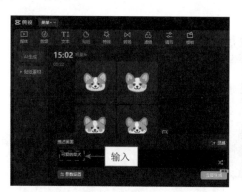

图 3-27 输入提示词

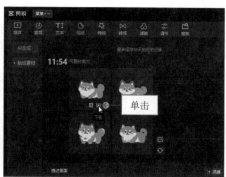

图 3-28 单击"下载"按钮

▶▶ 步骤 3 弹出"另存为"对话框，设置贴纸的保存位置，如图 3-29 所示，单击"选择文件夹"按钮，即可将贴纸保存到选择的文件夹中。

图 3-29 设置贴纸的保存位置

3.1.5　AI 生成视频特效

在剪映中,用户可以运用"AI特效"功能,让AI根据画面和描述词（即提示词）进行绘画,从而生成精美的视频特效。素材与效果对比如图 3-30 所示。

素材（左）和手机版效果（右）对比展示

素材（左）和电脑版效果（右）对比展示

图 3-30　效果对比展示

1. 用剪映手机版制作

剪映手机版操作方法如下:

▶▶ 步骤 1　导入图片素材,在底部的工具栏中点击"特效"按钮,如图 3-31 所示。

扫码看视频

▶▶ 步骤 2　在弹出的特效工具栏中点击"AI 特效"按钮,如图 3-32 所示。

▶▶ 步骤 3　弹出"AI 特效"对话框,保持模型为"轻厚涂"不变,点击"灵感"按钮,如图 3-33 所示。

▶▶ 步骤 4　在弹出的"灵感"对话框中,点击相应灵感左下角的"试一试"按钮,如图 3-34 所示,即可将所选的描述词添加到输入框中。

▶▶ 步骤 5　点击"立即生成"按钮,如图 3-35 所示,即可开始生成四个效果。

▶▶ 步骤 6　在"效果预览"对话框中,选择生成的第一个效果,如图 3-36

所示，点击"应用"按钮，为素材添加该特效，并退出"效果预览"对话框。

图 3-31　点击"特效"按钮

图 3-32　点击"AI 特效"按钮

图 3-33　点击"灵感"按钮

图 3-34　点击"试一试"按钮

图 3-35　点击"立即生成"按钮

图 3-36　选择第一个效果

▶▶ 步骤7 在特效工具栏中点击"画面特效"按钮，进入画面特效素材库，在 Bling 选项卡中选择"星夜"特效，如图 3-37 所示，为视频添加一个闪闪发光的特效，从而提高画面的美观度。

▶▶ 步骤8 由于图片素材没有音乐，因此还需要为视频添加背景音乐，在视频的起始位置，依次点击"音频"按钮和"音乐"按钮，如图 3-38 所示。

图 3-37 选择"星夜"滤镜　图 3-38 点击"音乐"按钮

▶▶ 步骤9 进入"音乐"界面，选择"抖音"选项，如图 3-39 所示，进入"抖音"界面。

▶▶ 步骤10 点击相应音乐右侧的"使用"按钮，如图 3-40 所示，为视频添加一段音乐。

图 3-39 选择"抖音"选项　图 3-40 点击"使用"按钮

▶▷ 步骤 11 在视频的结束位置，选择背景音乐，点击"分割"按钮，如图 3-41 所示，即可分割并选中多余的音频片段。

▶▷ 步骤 12 点击"删除"按钮，如图 3-42 所示，删除多余的音乐，即可完成视频的制作。

图 3-41 点击"分割"按钮　图 3-42 点击"删除"按钮

提醒：运用"AI 特效"功能生成的效果左上角会显示"AI 生成"的字样，这是系统自动添加的标识，目前无法关闭。

图 3-43 为导入视频素材后的"AI 特效"对话框和"灵感"对话框，可以看出，"AI 特效"功能针对图片素材和视频素材提供的模型与灵感略有差别，用户可以根据自己的需求来决定使用什么格式的素材进行特效的生成。

图 3-43 导入视频素材后的"AI 特效"对话框和"灵感"对话框

2. 用剪映电脑版制作

剪映电脑版操作方法如下：

▶▷ 步骤 1 导入图片素材，切换至"AI 效果"操作区，选中

扫码看视频

"AI特效"复选框，如图 3-44 所示，即可启用"AI特效"功能。

▶▶ 步骤2 保持"轻厚涂"模型不变，单击"灵感"按钮，弹出"灵感"对话框，将鼠标放在对应的灵感上，单击其右下角的"使用"按钮，如图 3-45 所示，即可将相应的灵感描述词填入输入框中。

图 3-44 选中"AI特效"复选框　　图 3-45 单击"使用"按钮

▶▶ 步骤3 单击"生成"按钮，如图 3-46 所示，即可开始生成特效。

▶▶ 步骤4 在"生成结果"选项区中，选择第四个效果，如图 3-47 所示，单击"应用效果"按钮，即可为素材添加特效。

图 3-46 单击"生成"按钮　　图 3-47 选择第四个效果

▶▶ 步骤5 切换至"特效"功能区，在"画面特效"| Bling 选项卡中，单击"星夜"特效右下角的"添加到轨道"按钮➕，如图 3-48 所示，添加一个装饰性的特效。

▶▶ 步骤6 切换至"音频"功能区，在"音乐素材"|"抖音"选项卡中，单击相应音乐右下角的"添加到轨道"按钮➕，如图 3-49 所示，为视频添加一段背景音乐。

图 3-48 单击"添加到轨道"按钮（1）　　图 3-49 单击"添加到轨道"按钮（2）

▶▶ 步骤 7 拖动时间轴至视频的结束位置，选择添加的背景音乐，单击"向右裁剪"按钮，如图 3-50 所示，即可删除多余的音频片段。

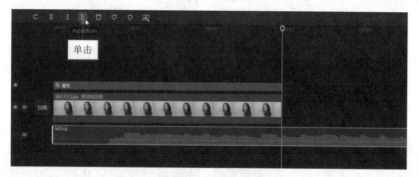

图 3-50 单击"向右裁剪"按钮

3.2 两个剪映智能图片编辑的技巧

在将图片添加或制作成视频之前，用户可以运用剪映对图片进行编辑处理，包括进行智能抠图和生成营销图片等，使图片能够满足用户的需求，从而在视频中发挥其作用。

3.2.1 进行智能抠图

剪映手机版的"智能抠图"功能可以帮助用户轻松抠出图片中的元素，用户导入图片后，AI 会自动进行识别，并选取图片中的主要元素进行涂抹，如果确认无误，点击"导出"按钮，即可完成抠图。素材与效果对比如图 3-51 所示。

扫码看视频

图 3-51　素材（左）和效果（右）对比展示

具体操作方法如下：

▶▷ 步骤 1　在剪映手机版的"剪辑"界面中，展开功能面板，点击"智能抠图"按钮，如图 3-52 所示，进入"照片视频"界面。

▶▷ 步骤 2　选择要进行抠图的图片，进入预览界面，选中"高清"复选框，如图 3-53 所示，点击"添加"按钮，导入该图片，并进入"智能抠图"界面。

▶▷ 步骤 3　AI 会自动完成素材的选取和涂抹，确认无误后，点击"导出"按钮，如图 3-54 所示，即可将抠图素材保存。

图 3-52　点击"智能抠图"　　图 3-53　选中"高清"　　图 3-54　点击"导出"
　　　　　按钮　　　　　　　　　　复选框　　　　　　　　　　按钮

> 提醒：如果 AI 的选取和涂抹不够全面，用户也可以手动在物体上进行涂抹或调整抠图的范围。另外，用户可以点击"智能抠图"按钮，让 AI 重新进行抠图；也可以点击"快速画笔"按钮，在需要抠出的物体上画一笔，AI 会自动识别和补充选取的范围。
>
> 　　如果用户在选取区域的过程中出现失误，或者 AI 选取的范围不够精细又或存在错误，可以点击"橡皮擦"按钮，选取橡皮擦工具，对选取的多余区域进行取消操作；也可以点击"重置"按钮，取消所有选取的区域，重新进行选取。

3.2.2　生成营销图片

　　在"剪同款"界面的"营销图片"选项卡中，用户可以选择对应行业的营销图片模板，并对其内容进行编辑，从而轻松生成专属的营销图片。素材与效果对比如图 3-55 所示。

扫码看视频

图 3-55　素材（左）和效果（右）对比展示

　　具体操作方法如下：

　　▶▶ 步骤1　在剪映手机版的"剪同款"界面中，切换至"营销图片"选项卡，如图 3-56 所示。

　　▶▶ 步骤2　展开"行业"列表框，选择"食品饮料"选项，如图 3-57 所示，点击"确定"按钮，即可筛选出食品饮料行业的营销图片模板。

　　▶▶ 步骤3　选择一个与用户准备的产品主题相近的模板，如图 3-58 所示。

　　▶▶ 步骤4　进入模板预览界面，点击"编辑"按钮，如图 3-59 所示，进入模板编辑界面。

▶▶ 步骤5 选择产品图后面的文字，在工具栏中点击"删除"按钮，如图 3-60 所示，即可删除不需要的文字内容。

▶▶ 步骤6 选择产品图上方的文字，在工具栏中点击"文本"按钮，如图 3-61 所示。

图 3-56 切换至"营销图片"选项卡

图 3-57 选择"食品饮料"选项

图 3-58 选择模板

图 3-59 点击"编辑"按钮

图 3-60 点击"删除"按钮（1）

图 3-61 点击"文本"按钮

▶▶ 步骤 7　弹出字幕编辑面板，修改字幕中的产品名称，如图 3-62 所示。

▶▶ 步骤 8　选择左上角的图标，点击"删除"按钮，如图 3-63 所示，将其删除。

▶▶ 步骤 9　选择产品图，在工具栏中点击"替换图片"按钮，如图 3-64 所示。

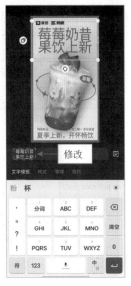

图 3-62　修改产品名称　　　图 3-63　点击"删除"　　　图 3-64　点击"替换图片"
　　　　　　　　　　　　　　　　　按钮（2）　　　　　　　　按钮

▶▶ 步骤 10　进入"照片视频"界面，选择要进行替换的图片，如图 3-65 所示，即可进行替换，并返回模板编辑界面。

▶▶ 步骤 11　在工具栏中点击"智能抠图"按钮，如图 3-66 所示。

图 3-65　选择图片　　图 3-66　点击"智能抠图"按钮

▶▶步骤12 进入"智能抠图"界面，AI会自动去除背景，抠出产品主体，点击☑按钮，如图 3-67 所示，确认抠图效果，并返回模板编辑界面。

▶▶步骤13 调整产品主体的大小和位置，如图 3-68 所示，即可完成营销图片的生成。

图 3-67　点击相应按钮　　图 3-68　调整产品主体的大小和位置

提醒：本案例主要介绍营销图片模板的使用和编辑方法，在实际运用中，用户还可以对模板内容进行更多编辑，例如添加字幕、添加图片和调整比例等。

3.3　两个 Dreamina 生成和编辑图片的技巧

在 Dreamina 中，用户可以使用提示词或参考图生成需要的图片。另外，用户也可以运用 Dreamina 的图片编辑功能，例如"超清图""局部重绘""细节重绘""消除笔"等，对生成的图片进行优化。本节通过以文生图和以图生图这两个案例，介绍 Dreamina 的生图和图片编辑技巧。

3.3.1　以文生图

在 Dreamina 中，用户输入提示词后，可以对生图的精细度和比例等参数进行设置。在图片生成后，用户还可以运用"超清图""局部重绘""细节重绘"等功能，对其中一张图片进行美化和调整，效果如图 3-69 所示。

扫码看视频

图 3-69　效果展示

具体操作方法如下：

▶▷ 步骤 1 在首页的"图片生成"板块中单击"文生图"按钮，如图 3-70 所示。

图 3-70　单击"文生图"按钮

▶▷ 步骤 2 进入"图片生成"页面，在"输入"下方的文本框中输入提示词，如图 3-71 所示。

▶▷ 步骤 3 展开"模型"选项区，设置"精细度"参数为 50，如图 3-72 所示，提高生图质量。

> 提醒：Dreamina 提供了不同风格的生图模型，包括动漫模型、通用模型和风格化模型等。每次生图时，默认使用 Dreamina 通用 v1.2 模型，用户也可以根据自己的生图需求进行设置。

▶▷ 步骤 4 展开"比例"选项区，单击 3：4 按钮，如图 3-73 所示，设置图片比例为 3：4。

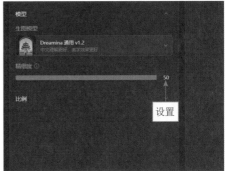

图 3-71　输入提示词　　　　　　　　图 3-72　设置"精细度"参数

▶▶ 步骤5　单击"立即生成"按钮，即可生成四张图片，如图 3-74 所示。

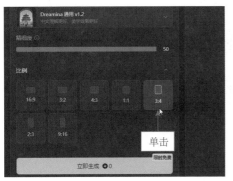

图 3-73　单击 3：4 按钮　　　　　　　图 3-74　生成四张图片

▶▶ 步骤6　将鼠标移至第四张图片上，在显示的工具栏中单击"超清图"
按钮 HD，如图 3-75 所示。

▶▶ 步骤7　稍等片刻，即可生成第四张图片的超清图，图片的左上角会显示"超清图"字样，如图 3-76 所示。

图 3-75　单击"超清图"按钮　　　　　图 3-76　显示"超清图"字样

▶▶ 步骤8 单击超清图，将其放大查看，可以看到图片中有几处奇怪的地方，用户可以运用"局部重绘"功能来进行调整。将鼠标移至超清图上，在显示的工具栏中单击"局部重绘"按钮，如图3-77所示。

▶▶ 步骤9 弹出"局部重绘"对话框，使用画笔工具的圆环在奇怪的地方进行涂抹，选取需要重绘的区域，如图3-78所示，单击"立即生成"按钮，即可在不改变图片整体的前提下，对选取的区域进行重新生成。

图3-77 单击"局部重绘"按钮　　　　图3-78 选取需要重绘的区域

▶▶ 步骤10 稍等片刻，即可获得四张局部重绘后的图片，将鼠标移至第一张图片上，在显示的工具栏中单击"细节重绘"按钮，如图3-79所示。

▶▶ 步骤11 执行操作后，AI会在第一张图的基础上进行细节重绘，并生成一张重绘后的图片，如图3-80所示，单击"超清"按钮，即可获得最高清的图片效果。

图3-79 单击"细节重绘"按钮　　　　图3-80 生成一张重绘后的图片

提醒：在"局部重绘"对话框中，用户选择画笔工具✎或橡皮擦工具◙后，鼠标在图片上会显示为一个圆环，并通过涂抹的方式来进行选取或取消选取的操作。具体方法：拖动鼠标至需要涂抹的位置，按住鼠标左键并慢慢移动，直至完成涂抹。

另外，为了更准确地进行涂抹，用户可以通过滚动鼠标中键来调整图片的缩放比例，向前滚动即可缩小图片，向后滚动即可放大图片；也可以直接单击缩放比例两侧的━按钮和➕按钮，直接进行调整；还可以选择移动工具🖐或按住空格键，让鼠标变成一个手掌的图标👆，这样就可以随意地拖动图片。

3.3.2 以图生图

在 Dreamina 中，用户上传参考图后，可以设置图片的参考项，从而让生成的图片中具备需要的元素。素材与效果对比如图 3-81 所示。

扫码看视频

图 3-81 素材（左）和效果（右）对比展示

具体操作方法如下：

▶▶ 步骤 1 在"图片生成"页面的"输入"文本框中，输入提示词，如图 3-82 所示。

▶▶ 步骤 2 在文本框的下方单击"导入参考图"按钮，如图 3-83 所示。

▶▶ 步骤 3 弹出"打开"对话框，选择参考图，如图 3-84 所示，单击"打开"按钮，即可将其导入。

▶▶ 步骤 4 弹出"参考图"对话框，在"你想要参考这张图片的："的下方选中"人物长相"复选框，如图 3-85 所示。

图 3-82　输入提示词

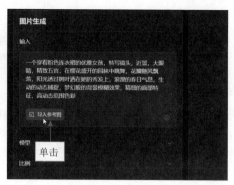

图 3-83　单击"导入参考图"按钮

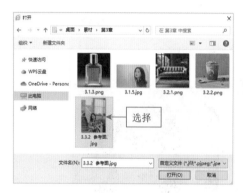

图 3-84　选择参考图

图 3-85　选中"人物长相"复选框

▶▶ 步骤 5　执行操作后，AI 会自动识别并选中人物长相，单击"保存"按钮，如图 3-86 所示，即可保存设置的参考项。

▶▶ 步骤 6　设置"精细度"参数为 50、"比例"为 2：3，如图 3-87 所示。

图 3-86　单击"保存"按钮

图 3-87　设置相应参数

▶▶ 步骤 7　单击"立即生成"按钮，即可参考图片人物的长相生成四张图片，如图 3-88 所示。

▶▶ 步骤8　在第二张图片上的工具栏中单击"超清图"按钮 HD，生成相应的超清图，在超清图上的工具栏中单击"消除笔"按钮 ✐，如图 3-89 所示。

> 提醒：在以图生图的过程中，用户最好不要使用"细节重绘"功能对生成的图片进行调整，否则 AI 会根据自己的想法对图片进行优化，从而导致生成的图片可能不再具有参考项的特征。

图 3-88　生成四张图片　　　　　　图 3-89　单击"消除笔"按钮

▶▶ 步骤9　弹出"消除笔"对话框，涂抹想要消除的画面内容，如图 3-90 所示，单击"立即生成"按钮，即可在不改变图片整体的前提下，对涂抹的地方进行消除。

▶▶ 步骤10　将鼠标移至重新生成的图片上，在显示的工具栏中单击"超清图"按钮 HD，如图 3-91 所示，即可获得优化后的超清图效果。

图 3-90　涂抹想要消除的画面内容　　　图 3-91　单击"超清图"按钮

第**4**章

七个短视频智能
编辑的技巧

　　用户可以运用剪映的各项智能编辑功能，又快又好地完成短视频的剪辑和处理。针对视频画面，用户可以进行分屏排版、裁剪视频和调色等智能处理；针对视频字幕，用户可以一键识别歌词和字幕；针对视频中的音频，用户可以提取视频中的人声和使用克隆音色进行配音。

4.1 三个智能编辑视频画面的技巧

在制作短视频时，用户可以通过调整画面的排版、尺寸和色调来增加视频画面的吸引力，而 AI 的助力让这些操作变得更简单、快捷。本节介绍智能分屏排版、智能裁剪视频和进行智能调色等视频画面的智能编辑技巧。

4.1.1 智能分屏排版

以往用户想要制作分屏视频，只能手动调整素材画面的位置，或套用分屏模板，但手动调整需要花费大量的时间，套用模板后可以编辑的内容也比较少。因此，用户可以运用剪映手机版的"分屏排版"功能来轻松满足这个需求，效果如图 4-1 所示。

扫码看视频

图 4-1　效果展示

具体操作方法如下：

▶▶ 步骤 1　在剪映手机版的"剪辑"界面中点击"开始创作"按钮，进入"照片视频"界面，选择三段视频素材，如图 4-2 所示。

▶▶ 步骤 2　选中"高清"复选框，点击"分屏排版"按钮，如图 4-3 所示，进入"视频排版"界面，默认选择第一个布局样式。

▶▶ 步骤 3　切换至"比例"选项卡，选择 9 ： 16 选项，如图 4-4 所示，将视频的比例调整为 9:16，让三段素材的画面可以完整展示。

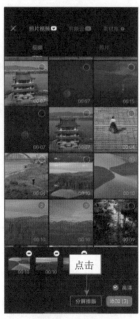

图 4-2　选择三段素材　　图 4-3　点击"分屏排版"按钮　　图 4-4　选择 9∶16 选项

> 提醒：在"照片视频"界面中，只有用户选择了两段或两段以上的素材后，界面的右下角才会出现"分屏排版"按钮。

▶▷ 步骤 4　点击"导入"按钮，进入视频编辑界面，为了让画面更丰富，用户可以为三段素材分别添加同一个边框特效，在工具栏中依次点击"特效"按钮和"边框特效"按钮，如图 4-5 所示，进入画面特效素材库。

▶▷ 步骤 5　在"边框"选项卡中，选择"录制边框 Ⅱ"特效，如图 4-6 所示，即可为视频轨道中的素材添加一个边框特效，点击 ✔ 按钮，退出画面特效素材库。

▶▷ 步骤 6　调整"录制边框 Ⅱ"特效的时长，使其与视频时长保持一致，如图 4-7 所示。

▶▷ 步骤 7　在工具栏中点击"复制"按钮，将"录制边框 Ⅱ"特效复制一份，在工具栏中点击"作用对象"按钮，如图 4-8 所示。

▶▷ 步骤 8　弹出"作用对象"面板，选择第一个"画中画"选项，如图 4-9 所示，即可让特效作用于第一条画中画轨道中的素材上。

▶▷ 步骤 9　用同样的方法，再复制一个"录制边框 Ⅱ"特效，在对应的"作用对象"面板中，选择第二个"画中画"选项，如图 4-10 所示，即可让特效作用于第二条画中画轨道中的素材上，为所有素材都添加特效。

图 4-5　点击"画面特效"按钮

图 4-6　选择"录制边框 II"特效

图 4-7　调整特效时长

图 4-8　点击"作用对象"按钮

图 4-9　选择相应选项（1）

图 4-10　选择相应选项（2）

4.1.2　智能裁剪视频

通过裁剪视频画面，用户可以去除多余的画面内容，突出画面的主体。在剪映中，运用"智能裁剪"功能可以让 AI 根据设置的比例完成裁剪，并自动让主体处于画面中间的位置。素材与效果对比如图 4-11 所示。

图 4-11　素材（左）与效果（右）对比展示

1．用剪映手机版制作

剪映手机版操作方法如下：

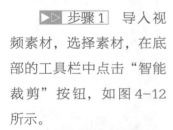

扫码看视频

▶▶ 步骤1　导入视频素材，选择素材，在底部的工具栏中点击"智能裁剪"按钮，如图 4-12所示。

▶▶ 步骤2　弹出"智能裁剪"面板，选择 3∶4选项，如图 4-13 所示，AI 会自动开始裁剪，并展示裁剪效果，点击✓按钮进行确认。

图 4-12　点击"智能裁剪"按钮　图 4-13　选择 3∶4 选项（1）

▶▷ 步骤 3 在工具栏中点击"比例"按钮，如图 4-14 所示。

▶▷ 步骤 4 弹出"比例"面板，选择 3：4 选项，如图 4-15 所示，即可让视频比例与裁剪后的画面比例相同，从而去除左右两边的黑幕。

图 4-14 点击"比例"按钮　图 4-15 选择 3：4 选项（2）

2．用剪映电脑版制作

剪映电脑版操作方法如下：

▶▷ 步骤 1 在剪映的"首页"面板中单击"智能裁剪"按钮，如图 4-16 所示。

扫码看视频

图 4-16 单击"智能裁剪"按钮

▶▷ 步骤 2 弹出"智能裁剪"对话框，单击"导入视频"按钮，如图 4-17 所示。

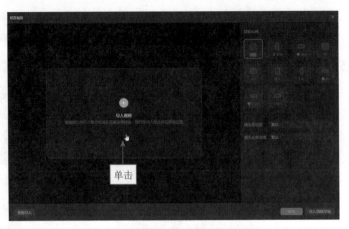

图 4-17　单击"导入视频"按钮

▶▶ 步骤 3　弹出"打开"对话框，选择视频素材，如图 4-18 所示，单击"打开"按钮，将素材导入。

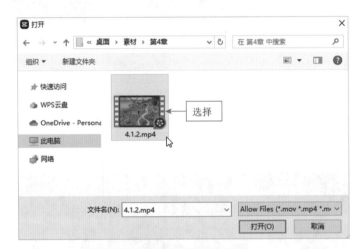

图 4-18　选择视频素材

▶▶ 步骤 4　在"目标比例"选项区中，选择 3∶4 选项，如图 4-19 所示，AI 会自动进行画面裁剪。

▶▶ 步骤 5　单击"导出"按钮，弹出"另存为"对话框，设置视频的保存位置和名称，如图 4-20 所示。

▶▶ 步骤 6　单击"保存"按钮，弹出"正在导出"提示框，即可开始导出视频，并显示导出进度，如图 4-21 所示。

图 4-19　选择 3 ∶ 4 选项

图 4-20　设置视频的保存位置和名称

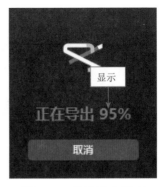

图 4-21　显示导出进度

4.1.3　进行智能调色

运用剪映的"智能调色"功能，用户可以一键完成视频画面的初步调色。此外，用户还可以在初步调色的基础上对部分参数进行调整，进一步优化画面色彩。素材与效果对比如图 4-22 所示。

图 4-22　素材（左）与效果（右）对比展示

1. 用剪映手机版制作

剪映手机版操作方法如下：

▶▶ 步骤1 导入视频素材，在底部的工具栏中点击"调节"按钮，如图4-23所示。

▶▶ 步骤2 进入"调节"选项卡，选择"智能调色"选项，如图4-24所示，强度参数默认为80，即可对视频画面进行初步调色。

扫码看视频

图4-23 点击"调节"按钮 图4-24 选择"智能调色"选项

▶▶ 步骤3 选择"饱和度"选项，拖动滑块，将其参数设置为15，如图4-25所示，增加画面的色彩浓度。

▶▶ 步骤4 选择"光感"选项，拖动滑块，将其参数设置为−10，如图4-26所示，降低画面整体的光线亮度，即可完成画面色彩的优化。

图4-25 设置"饱和度"参数 图4-26 设置"光感"参数

2. 用剪映电脑版制作

剪映电脑版操作方法如下：

▶▶ 步骤 1 将视频素材导入轨道中，在"调节"操作区的"基础"选项卡中，选中"智能调色"复选框，如图 4-27 所示，"强度"参数默认为 80，即可进行初步调色。

扫码看视频

图 4-27 选中"智能调色"复选框

▶▶ 步骤 2 在"调节"选项区中，设置"饱和度"参数为 15、"光感"参数为 -10，如图 4-28 所示，使画面中的色彩更浓郁、画面整体的光线亮度更低，完成视频的调色处理。

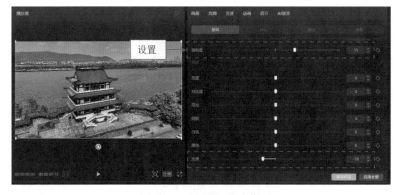

图 4-28 设置相应参数

4.2 两个智能编辑视频字幕的技巧

在为视频添加字幕时，用户可以运用"识别歌词"功能和"识别字幕"功能，一键生成歌词字幕和口播字幕，并在编辑字幕时，自动将设置的效果同步到所有字幕上，从而节省重复编辑的时间和精力。

4.2.1 智能识别歌词

当视频的背景音乐是一首中文歌曲时，用户可以运用"识别歌词"功能生成对应的歌词字幕，从而丰富视频内容，效果如图 4-29 所示。

图 4-29　效果展示

1. 用剪映手机版制作

剪映手机版操作方法如下：

扫码看视频

▶▶ 步骤 1　导入视频素材，在底部的工具栏中依次点击"文字"按钮和"识别歌词"按钮，如图 4-30 所示。

▶▶ 步骤 2　弹出"识别歌词"面板，点击"开始匹配"按钮，如图 4-31 所示。

图 4-30　点击"识别歌词"按钮　图 4-31　点击"开始匹配"按钮

▶▶ 步骤3 执行操作后，即可开始识别歌词，并生成对应的字幕，在工具栏中点击"编辑"按钮，如图 4-32 所示，弹出字幕编辑面板。

▶▶ 步骤4 在"字体"|"基础"选项卡中，设置字幕的字体为"宋体"，如图 4-33 所示。

图 4-32　点击"编辑"按钮　　图 4-33　设置字幕的字体

▶▶ 步骤5 切换至"花字"|"蓝色"选项卡，选择一个蓝色的花字样式，如图 4-34 所示，即可优化字幕效果，并自动将设置的字体和花字样式同步到第二段字幕上。

▶▶ 步骤6 在预览区域中调整第一段字幕的位置，如图 4-35 所示，即可完成字幕的调整。

图 4-34　选择花字样式　　图 4-35　调整字幕的位置

2. 用剪映电脑版制作

剪映电脑版操作方法如下：

▶▷ 步骤1 将视频素材导入轨道中，在"文本"功能区的"识别歌词"选项卡中，单击"开始识别"按钮，如图 4-36 所示，即可开始识别并生成歌词字幕。

扫码看视频

▶▷ 步骤2 在"文本"操作区中，设置"字体"为"宋体"，如图 4-37 所示。

图 4-36 单击"开始识别"按钮　　　图 4-37 设置"字体"为"宋体"

▶▷ 步骤3 在"花字"选项卡，选择一个蓝色的花字样式，如图 4-38 所示，即可美化字幕效果。

▶▷ 步骤4 在预览区域调整第一段字幕的位置，如图 4-39 所示，即可完成字幕的调整。

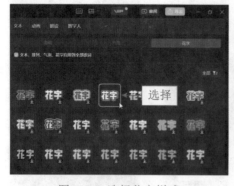

图 4-38 选择花字样式　　　　　图 4-39 调整字幕的位置

4.2.2 智能识别字幕

如果视频中存在口播内容，那么用户可以运用"识别字幕"功能，将口播内容生成相应的字幕，便于受众更好地理解，效果如图 4-40 所示。

人生缓缓　　　　　　　　　　　　　自有答案

图 4-40　效果展示

1．用剪映手机版制作

剪映手机版操作方法如下：

扫码看视频

▶▶ 步骤1　导入视频素材，在工具栏中依次点击"文字"按钮和"识别字幕"按钮，如图 4-41 所示。

▶▶ 步骤2　弹出"识别字幕"面板，点击"开始匹配"按钮，如图 4-42 所示，即可开始识别视频中的口播内容，并生成字幕。

▶▶ 步骤3　在工具栏中点击"编辑"按钮，弹出字幕编辑面板，设置文字字体为"宋体"，如图 4-43 所示。

图 4-41　点击"识别字幕"
按钮

图 4-42　点击"开始
匹配"按钮

图 4-43　设置文字字体

▶▶ 步骤 4 在"样式"选项卡中选择一个预设样式，如图 4-44 所示，即可美化字幕。

▶▶ 步骤 5 拖动滑块，设置"字号"参数为 8，如图 4-45 所示，将文字放大，设置的字体、样式和字号效果都会同步到第二段字幕上，即可完成字幕的调整。

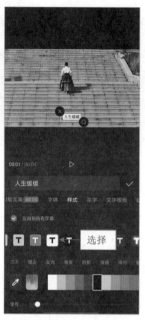 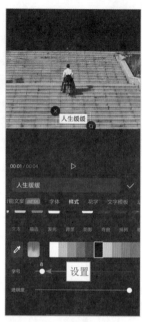

图 4-44 选择一个预设样式   图 4-45 设置"字号"参数

2．用剪映电脑版制作

剪映电脑版操作方法如下：

▶▶ 步骤 1 将视频素材导入轨道中，在"文本"功能区的"智能字幕"选项卡中，单击"识别字幕"中的"开始识别"按钮，如图 4-46 所示。

扫码看视频

▶▶ 步骤 2 执行操作后，即可开始识别字幕，并显示识别进度，如图 4-47 所示，识别完成后，生成相应字幕。

图 4-46 单击"开始识别"按钮   图 4-47 显示识别进度

▶▶ 步骤 3 在"文本"操作区的"基础"选项卡中，更改文字字体，设置"字号"参数为 8，如图 4-48 所示，将文字放大。

▶▶ 步骤 4 在"预设样式"选项区中，选择一个合适的样式，如图 4-49 所示，即可完成字幕的调整。

图 4-48 设置"字号"参数　　　　图 4-49 选择一个样式

4.3 两个智能编辑视频中音频的技巧

在制作视频时，除了直接为视频添加音乐和音效之外，用户可以先提取出视频中的人声，再添加新的音频，从而在不改变人声的情况下更改视频的背景音乐；还可以运用剪映的"克隆音色"功能，克隆自己的音色，为视频生成 AI 配音。

4.3.1 智能提取人声

如果用户觉得视频的背景音乐与画面不符，或干扰到人声的效果，但又不能直接静音时，可以先提取出人声，再进行背景音乐的添加和设置，视频效果如图 4-50 所示。

图 4-50 视频效果展示

1. 用剪映手机版制作

剪映手机版操作方法如下：

▶▷ 步骤 1　导入视频素材，选择素材，在底部的工具栏中点击"人声分离"按钮，如图 4-51 所示。

扫码看视频

▶▷ 步骤 2　弹出"人声分离"面板，选择"仅保留人声"选项，如图 4-52 所示，即可开始提取视频中的人声，去除视频中的背景音乐。

▶▷ 步骤 3　在视频的起始位置依次点击"音频"按钮和"音乐"按钮，如图 4-53 所示，进入"音乐"界面。

图 4-51　点击"人声分离"　图 4-52　选择"仅保留　图 4-53　点击"音乐"按钮
　　　　　按钮　　　　　　　　　人声"选项

▶▷ 步骤 4　选择"纯音乐"选项，如图 4-54 所示，进入"纯音乐"界面。

▶▷ 步骤 5　点击相应音乐右侧的"使用"按钮，如图 4-55 所示，即可为视频添加新的背景音乐。

▶▷ 步骤 6　拖动时间轴至视频结束位置，在工具栏中点击"分割"按钮，如图 4-56 所示，即可将多余的背景音乐分割出来并选中。

▶▷ 步骤 7　在工具栏中点击"删除"按钮，如图 4-57 所示，即可删除多余的背景音乐，使背景音乐的时长与视频时长一致。

▶▶ 步骤 8 选择背景音乐，在工具栏中点击"音量"按钮，如图 4-58 所示。

▶▶ 步骤 9 弹出"音量"面板，设置"音量"参数为 40，如图 4-59 所示，降低背景音乐的音量，使人声效果不被干扰。

图 4-54 选择"纯音乐"选项

图 4-55 点击"使用"按钮

图 4-56 点击"分割"按钮

图 4-57 点击"删除"按钮　图 4-58 点击"音量"按钮　图 4-59 设置"音量"参数

2．用剪映电脑版制作

剪映电脑版操作方法如下：

▶▶ 步骤 1　将视频素材导入轨道中，在"音频"操作区中，选中"人声分离"复选框，如图 4-60 所示，默认选择"仅保留人声"选项，即可提取出视频中的人声。

扫码看视频

▶▶ 步骤 2　拖动时间轴至视频起始位置，切换至"音频"功能区，在"音乐素材"选项卡中搜索歌曲名称，在搜索结果中，单击相应音乐右下角的"添加到轨道"按钮 ⬤，如图 4-61 所示，添加背景音乐。

图 4-60　选中"人声分离"复选框　　　图 4-61　单击"添加到轨道"按钮

> 提醒：由于剪映电脑版和剪映手机版提供的音乐素材有所不同，因此这里为了添加与手机版效果同样的背景音乐，在"音乐素材"选项卡中进行了搜索，用户也可以为视频添加其他合适的背景音乐。

▶▶ 步骤 3　拖动时间轴至视频结束位置，单击"向右裁剪"按钮 ⬛，如图 4-62 所示，即可分割并删除多余的背景音乐。

▶▶ 步骤 4　选择背景音乐，在"基础"操作区中设置"音量"参数为 −25.0dB，如图 4-63 所示，降低背景音乐的音量。

> 提醒：在剪映手机版中，"音量"参数的默认值为 100，最小值为 0，最大值为 1000；而在剪映电脑版中，"音量"参数的默认值为 − 0.0dB，最小值为 − ∞ dB，最大值为 20.0dB。
> 　　由于参数体系不同，因此设置的"音量"参数也不同，但目的都是降低背景音乐的音量，突出视频中的人声。在实际操作时，用户可以在设置参数后进行试听，以找到合适的音量。

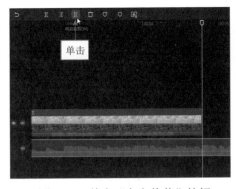

图 4-62　单击"向右裁剪"按钮　　　　图 4-63　设置"音量"参数

4.3.2　用克隆音色进行配音

剪映的"文本朗读"功能可以根据文本内容生成 AI 配音，而"克隆音色"功能可以让用户拥有自己的配音音色，因此将这两个功能相结合，可以不需要用户亲自朗读，就能生成有用户音色的配音效果，视频效果如图 4-64 所示。

日落太短　　　　　　　　　我只想奔赴属于我的远方

图 4-64　视频效果展示

1．用剪映手机版制作

剪映手机版操作方法如下：

▶▶步骤 1　导入视频素材，拖动时间轴至 00：01 的位置，在工具栏中依次点击"文字"按钮和"新建文本"按钮，弹出字幕编辑面板，输入第一段字幕内容，如图 4-65 所示。

扫码看视频

▶▶步骤 2　在"字体"|"基础"选项卡中，设置文字字体为"宋体"，如图 4-66 所示。

▶▶步骤 3　在"样式"选项卡中，选择一个白底黑字的文字样式，如图 4-67 所示，使字幕更醒目，点击✓按钮，退出字幕编辑面板。

图 4-65　输入字幕内容

图 4-66　设置文字字体

图 4-67　选择文字样式

▶▶ 步骤 4　在 工 具栏中点击"基础属性"按钮，如图 4-68 所示，弹出"基础属性"面板。

▶▶ 步骤 5　在"位置"选项卡中，保持"X轴"的参数为 0 不变，设置"Y 轴"的参数为−800，如图 4-69 所示，使文字位于画面的下方。

图 4-68　点击"基础属性"按钮　图 4-69　设置"Y 轴"参数

提醒：在"基础属性"面板中，用户可以通过左右滑动来调整蓝色竖线所在的刻度，从而对字幕的位置参数、缩放比例和旋转角度进行调整。相比起直接用手指拖动和旋转，这种方法可以更精细、更准确地进行调整，但花费的时间也更多，用户可以根据自己的需求进行选择。

▶▷ 步骤6 切换至"缩放"选项卡，设置"缩放"参数为50%，如图4-70所示，即可缩小文字。

▶▷ 步骤7 将第一段字幕复制一份，并修改字幕内容，如图4-71所示，点击✓按钮，即可添加第二段字幕。

▶▷ 步骤8 在工具栏中点击"文本朗读"按钮，如图4-72所示。

图 4-70　设置"缩放"参数　图 4-71　修改字幕内容　图 4-72　点击"文本朗读"按钮

▶▷ 步骤9 弹出"音色选择"面板，在"我的"|"克隆音色"选项卡中，点击"开始克隆"按钮，如图4-73所示。

▶▷ 步骤10 弹出相应对话框，选中"我已阅读并同意《'剪映'音色克隆使用规范》"复选框，点击"去录制"按钮，如图4-74所示。

▶▷ 步骤11 进入"录制音频"界面，点击"点按开始录制"按钮，如图4-75所示，即可朗读提供的例句，朗读结束后，再次点击该按钮，即可停止录制，并开始生成音色。

图 4-73　点击"开始克隆"
按钮

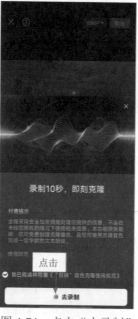

图 4-74　点击"去录制"
按钮

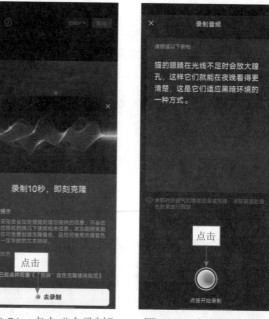

图 4-75　点击相应按钮

▶▶ 步骤 12　生成结束后，用户可以试听中文或英文例句，如果对克隆的音色感到满意，点击"保存音色"按钮，如图 4-76 所示，即可保存并选择克隆的音色，返回"音色选择"面板。

▶▶ 步骤 13　选中"应用到全部文本"复选框，如图 4-77 所示，点击 ✓ 按钮，即可开始生成朗读音频。

图 4-76　点击"保存音色"
按钮

图 4-77　选中"应用到全
部文本"复选框

▶▶ 步骤 14　在工具栏中点击"音频"按钮，显示所有音频轨道，调整第二段朗读音频的位置，如图 4-78 所示，第二段字幕会自动调整到第二段朗读音频所在的位置。

▶▶ 步骤 15 选择素材，拖动时间轴至 00:06 的位置，在工具栏中点击"分割"按钮。如图 4-79 所示，分割并选择多余的素材。

▶▶ 步骤 16 在工具栏中点击"删除"按钮，如图 4-80 所示，删除多余的素材，即可完成视频的制作。

 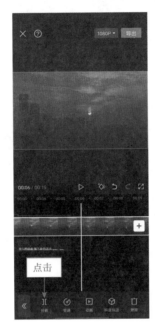 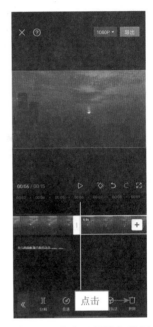

图 4-78 调整朗读音频的位置　图 4-79 点击"分割"按钮　图 4-80 点击"删除"按钮

2. 用剪映电脑版制作

剪映电脑版操作方法如下：

▶▶ 步骤 1 将视频素材导入轨道中，拖动时间轴至 00:01 的位置，添加一段默认文本，在"文本"操作区中输入相应内容，并设置"字体"为"宋体"，如图 4-81 所示。

扫码看视频

▶▶ 步骤 2 在"预设样式"选项区中选择一个合适的样式，如图 4-82 所示，即可美化字幕效果。

▶▶ 步骤 3 在"位置大小"选项区中，设置"缩放"参数为 50%、"位置"的 X 参数为 0、Y 参数为 -800，如图 4-83 所示，调整文字的大小和位置。

▶▶ 步骤 4 依次按【Ctrl+C】组合键和【Ctrl+V】组合键，复制粘贴一段字幕，修改复制粘贴的字幕内容，如图 4-84 所示。

图 4-81　设置文字的"字体"

图 4-82　选择预设样式

图 4-83　设置相应参数

图 4-84　修改复制粘贴的字幕内容

▶▶步骤5　同时选中两段文本，切换至"朗读"操作区，在"克隆音色"选项卡中，单击"点击克隆"按钮，如图 4-85 所示。

▶▶步骤6　弹出"克隆音色"对话框，选中"我确认并同意《'剪映'音色克隆使用规范》"复选框，单击"去录制"按钮，如图 4-86 所示。

图 4-85　单击"点击克隆"按钮

图 4-86　单击"去录制"按钮

▶▶步骤7　进入"录制音频"界面，单击"点按开始录制"按钮，如图 4-87

所示，即可朗读例句，朗读完成后，单击同一个按钮，即可结束录制，并开始生成克隆音色。

▶▶ 步骤8 生成结束后，在"克隆音色"对话框中单击"保存音色"按钮，如图 4-88 所示，即可保存克隆音色，返回"朗读"操作区。

图 4-87 单击"点按开始录制"按钮

图 4-88 单击"保存音色"按钮

▶▶ 步骤9 在"朗读"操作区中，默认选中克隆的"音色 01"选项，单击"开始朗读"按钮，如图 4-89 所示，即可生成两段朗读音频。

▶▶ 步骤10 调整朗读音频的位置，并根据朗读音频的位置和时长调整两段字幕的位置与时长，选择视频素材，拖动时间轴至 00∶06 的位置，单击"向右裁剪"按钮，如图 4-90 所示，即可删除多余的视频素材。

图 4-89 单击"开始朗读"按钮

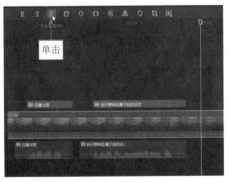

图 4-90 单击"向右裁剪"按钮

第 **5** 章

案例：用剪映制作《新品蓝牙耳机》

通过前面几章的学习，用户可以掌握 AI 写作文案、智能成片、AI 绘图和图片编辑及短视频智能编辑的相关技巧。本章以《新品蓝牙耳机》为例，介绍用剪映手机版和剪映电脑版制作效果的操作方法，帮助用户复习学到的技巧。

5.1 效果展示与素材生成

在学习操作方法之前，先来欣赏一下《新品蓝牙耳机》的效果，并运用 Dreamina 生成需要的素材，为后续的视频制作做好准备。

5.1.1 效果展示

《新品蓝牙耳机》主要是对产品进行介绍和宣传，通过视频让受众了解产品的卖点和优势，增加受众对产品的兴趣，从而起到吸引受众、提高销量的作用，效果如图 5-1 所示。

图 5-1　效果展示

5.1.2 运用 Dreamina 生成视频素材

当视频的素材都是图片时，难免会让视频效果显得有些枯燥。因此，用户可以运用 Dreamina 进行图生视频，将一些图片转化为视频素材，从而增加视频动感。下面介绍具体操作方法：

扫码看视频

▶▶ 步骤 1　在"视频生成"页面的"图片生视频"选项卡中，单击"上传图片"按钮，如图 5-2 所示。

▶▶ 步骤 2　弹出"打开"对话框，选择第一张参考图，如图 5-3 所示，单击"打开"按钮，将其上传。

图 5-2 单击"上传图片"按钮

图 5-3 选择参考图

▶▶ 步骤 3 单击"生成视频"按钮，即可生成对应的视频，效果如图 5-4
所示。

▶▶ 步骤 4 在"图片生视频"选项卡中，单击第一张参考图右侧的"删除"
按钮，如图 5-5 所示，即可删除上传的参考图。

图 5-4 生成的视频效果（1）

图 5-5 单击"删除"按钮

▶▶ 步骤 5 用同样的方法，上传剩下的参考图，并生成相应的视频素材，
效果如图 5-6 所示。

图 5-6 生成的视频效果（2）

5.2 三个运用剪映手机版制作视频的步骤

运用剪映手机版制作《新品蓝牙耳机》，主要有智能创作文案、调整视频

整体效果及添加动画与特效这三个步骤。

5.2.1　智能创作文案

在"图文成片"界面中，用户可以让 AI 根据产品信息来创作视频文案。创作完成后，用户可以选择一篇比较满意的文案，并适当进行调整，从而优化文案效果。下面介绍具体操作方法：

▶▷ 步骤 1　在"图文成片"界面中点击"自定义输入"按钮，如图 5-7 所示。

▶▷ 步骤 2　进入相应界面，输入提示词，如图 5-8 所示，点击"生成"按钮，即可开始创作文案。

▶▷ 步骤 3　在"确认文案"界面中选择一篇文案，进入文案编辑界面，对文案内容进行调整，如图 5-9 所示。

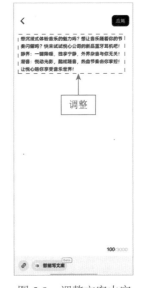

图 5-7　点击"自定义输入"按钮　　图 5-8　输入提示词　　图 5-9　调整文案内容

5.2.2　调整视频整体效果

在视频预览界面中，用户可以对视频的整体效果进行调整，例如更改朗读音色、调整字幕内容和样式及添加视频素材等。下面介绍具体操作方法：

▶▷ 步骤 1　在文案编辑界面中，点击"应用"按钮，在弹出的"请选择成片方式"对话框中，选择"使用本地素材"选项，如图 5-10 所示，即可开始生成视频，进入视频预览界面。

▶▶ 步骤 2 在工具栏中点击"音色"按钮，如图 5-11 所示。

▶▶ 步骤 3 弹出"音色选择"面板，在"女声音色"选项卡中选择"娱乐扒妹"音色，如图 5-12 所示，点击✅按钮，即可更改视频的朗读音色。

 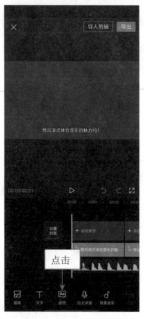 

图 5-10　选择"使用本地　　图 5-11　点击"音色"　图 5-12　选择"娱乐扒妹"
　　　　素材"选项　　　　　　　　按钮　　　　　　　　　音色

▶▶ 步骤 4 选择第四段字幕，在工具栏中点击"编辑"按钮，如图 5-13 所示，弹出相应面板。

▶▶ 步骤 5 在字幕的适当位置添加标点符号，如图 5-14 所示，让字幕格式更规范。

▶▶ 步骤 6 在"字体"|"基础"选项卡中，设置字体为"宋体"，如图 5-15 所示。

▶▶ 步骤 7 切换至"样式"选项卡，选择一个文字样式，如图 5-16 所示，美化字幕效果。

▶▶ 步骤 8 在"样式"|"背景"选项卡中，更改背景颜色，如图 5-17 所示，优化文字样式的效果，点击✅按钮，退出面板，即可重新生成对应的朗读音频，并将设置的字体和样式同步到所有字幕上。用同样的方法，在第五段字幕的适当

位置添加逗号。

图 5-13　点击"编辑"按钮

图 5-14　添加标点符号

图 5-15　设置文字字体

▶▶ 步骤9　在视频轨道中点击第一段素材上的"添加素材"按钮，进入相应界面，在"照片视频"选项卡中选择第一段素材，如图 5-18 所示，即可将其添加到轨道中。用同样的方法，添加其他素材，点击⊠按钮，返回视频预览界面。

图 5-16　选择文字样式

图 5-17　更改背景颜色

图 5-18　选择第一段素材

5.2.3　添加动画和特效

除了用图片生成视频素材之外，用户也可以为图片添加动画效果，让静态的图片拥有动态的出场效果。另外，为了让画面更精美，用户还可以为视频添加一些特效。下面介绍具体操作方法：

扫码看视频

▶▶ 步骤1 在视频预览界面，点击右上角的"导入剪辑"按钮，如图 5-19 所示，进入视频编辑界面。

▶▶ 步骤2 选择第一段素材，在工具栏中点击"动画"按钮，如图 5-20 所示。

▶▶ 步骤3 弹出"动画"面板，在"入场动画"选项卡中选择"Kira 游动"动画，设置动画时长参数为 1.0s，如图 5-21 所示，为第一段素材添加入场动画。

图 5-19　点击"导入剪辑"　　图 5-20　点击"动画"　　图 5-21　设置动画时长
　　　　　 按钮　　　　　　　　　　　　 按钮　　　　　　　　　　　　 参数

▶▶ 步骤4 拖动时间轴至第四段素材的位置，在"入场动画"选项卡中选择"交错开幕"动画，如图 5-22 所示，让第四段素材的入场变得更酷炫。

▶▶ 步骤5 用同样的方法，为第五段素材添加"闪现"入场动画，如图 5-23 所示，即可完成动画的添加，点击 ✓ 按钮，退出"动画"面板。

▶▶ 步骤6 拖曳时间轴至视频起始位置，依次点击"特效"按钮和"画面特效"按钮，如图 5-24 所示，进入画面特效素材库。

图 5-22 选择"交错开幕"
动画

图 5-23 选择"闪现"
动画

图 5-24 点击"画面
特效"按钮

▶▶ 步骤 7 在"金粉"选项卡中，选择"金粉Ⅲ"特效，如图 5-25 所示，即可添加第一个特效。

▶▶ 步骤 8 调整"金粉Ⅲ"特效的时长，使其作用于第一段至第三段素材上，如图 5-26 所示。

图 5-25 选择"金粉Ⅲ"特效

图 5-26 调整特效时长

▶▶ 步骤 9 用同样的方法，为第四段素材添加"氛围"选项卡中的"萤火"特效，为第五段素材添加"光"选项卡中的"炫彩"特效，为第六段素材添加"光"选项卡中的"边缘发光"特效，如图 5-27 所示，分别调整特效的时长，即可完成视频的制作。

图 5-27　添加相应特效

5.3　三个运用剪映电脑版制作视频的步骤

运用剪映电脑版制作《新品蓝牙耳机》，思路与手机版的一致，先用"图文成片"功能生成一个视频框架，再进行填充和优化。本节主要介绍制作《新品蓝牙耳机》的三个步骤，包括生成视频框架、调整字幕和音频及添加和美化素材。

5.3.1　生成视频框架

扫码看视频

在运用"图文成片"功能生成视频时，如果将"请选择成片方式"设置为"使用本地素材"，那么生成的视频只是一个框架，用户需要自己导入素材，才能获得一个完整的视频。下面介绍具体操作方法：

▶▶ 步骤1　在"图文成片"对话框左侧的"已有文案？"选项区中选择"自由编辑文案"选项，如图 5-28 所示。

图 5-28 选择"自由编辑文案"选项

▶▷ 步骤2 进入"自由编辑文案"界面，输入文案内容，如图 5-29 所示。

图 5-29 输入文案内容

提醒：为了制作出相同的视频效果，这里直接输入了与手机版视频相同的文案。用户在进行操作时，也可以运用"图文成片"的文案创作功能重新生成文案，制作出不一样的视频效果。

▶▷ 步骤3 展开朗读音色列表框，选择"娱乐扒妹"音色，如图 5-30 所示，更改视频的音色。

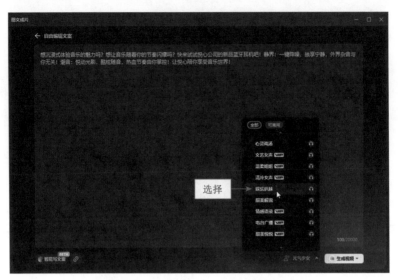

图 5-30　选择"娱乐扒妹"音色

▶▶ 步骤 4　单击"生成视频"按钮，在展开的"请选择成片方式"列表框中选择"使用本地素材"选项，如图 5-31 所示，即可开始生成视频的框架，并进入视频编辑界面。

图 5-31　选择"使用本地素材"选项

5.3.2　调整字幕和音频

在获得视频框架后，用户最好不要马上添加素材，而是应该先

扫码看视频

对框架中的字幕和音频进行调整，确定好每一段所需要的素材时长后，再进行素材的添加和美化。下面介绍具体操作方法：

▶▶ 步骤1 选择第四段字幕，在"文本"操作区中，为字幕添加逗号，设置"字体"为"宋体"，如图 5-32 所示。

▶▶ 步骤2 在"预设样式"选项区中，选择一个好看的预设样式，如图 5-33 所示。用同样的方法，为第五段字幕添加逗号。

图 5-32 设置"字体"为"宋体"

图 5-33 选择预设样式

▶▶ 步骤3 选择第一段朗读音频，分别拖动其左右两侧的白色拉杆，去除音频前后的空白片段，调整朗读音频的时长，如图 5-34 所示。用同样的方法，调整剩下五段朗读音频的时长。

▶▶ 步骤4 之后调整六段朗读音频的位置，使它们紧密排列，如图 5-35 所示，并根据朗读音频的时长分别调整字幕和背景音乐的时长，即可完成字幕与音频的调整。

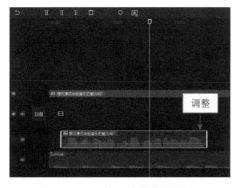

图 5-34 调整朗读音频的时长

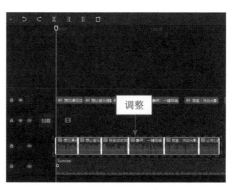

图 5-35 调整朗读音频的位置

案例：用剪映制作《新品蓝牙耳机》

提醒：去除朗读音频的空白片段，可以调整朗读音频的时长，使其与素材的时长更适配；也可以缩短视频的总时长，让视频显得更简洁、节奏感更强。

5.3.3　添加和美化素材

为了避免字幕和音频受到影响，用户需要先将字幕、朗读音频和背景音乐所在的轨道进行锁定，再来添加和美化素材。下面介绍具体操作方法：

扫码看视频

▶▶ 步骤 1　在字幕轨道的起始位置，单击"锁定轨道"按钮🔒，如图 5-36 所示，将字幕轨道锁定，避免在调整素材的时长时影响字幕的时长。用同样的方法，将朗读音频和背景音乐所在的轨道进行锁定。

▶▶ 步骤 2　将所有素材导入"媒体"功能区中，单击第一段素材右下角的"添加到轨道"按钮➕，如图 5-37 所示，将素材按顺序添加到轨道中。

图 5-36　单击"锁定轨道"按钮

图 5-37　单击"添加到轨道"按钮（1）

▶▶ 步骤 3　根据字幕的时长，调整六段素材的时长，如图 5-38 所示。

▶▶ 步骤 4　选择第一段素材，在"动画"操作区的"入场"选项卡中，选择"Kira 游动"动画，设置"动画时长"参数为 1.0s，如图 5-39 所示，为第一段素材添加合适的动画效果。

▶▶ 步骤 5　用同样的方法，为第四段素材添加"交错开幕"入场动画，为第五段素材添加"闪现"入场动画，如图 5-40 所示，即可为所有图片素材添加相应的动画效果，让图片动起来。

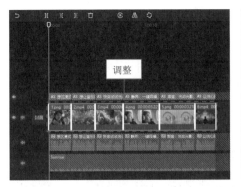

图 5-38　调整素材的时长

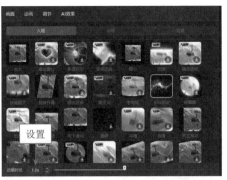

图 5-39　设置"动画时长"参数

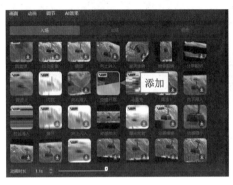

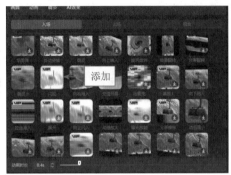

图 5-40　添加相应动画

▶▶ 步骤6　拖动时间轴至视频起始位置，在"特效"功能区中，展开"画面特效"|"金粉"选项卡，单击"金粉Ⅲ"特效右下角的"添加到轨道"按钮 ⊕，如图 5-41 所示，添加第一段特效。

▶▶ 步骤7　在轨道中调整"金粉Ⅲ"特效的时长，使其结束位置对准第三段素材的结束位置，如图 5-42 所示，调整特效的作用范围。

图 5-41　单击"添加到轨道"按钮（2）

图 5-42　调整特效时长（1）

▶▷ 步骤8 用同样的方法，为第四段素材添加"氛围"选项卡中的"萤火"特效，为第五段素材添加"光"选项卡中的"炫彩"特效，为第六段素材添加"光"选项卡中的"边缘发光"特效，并分别调整特效的时长，如图 5-43 所示，即可为所有素材添加特效。

▶▷ 步骤9 在视频编辑界面的右上角，单击"导出"按钮，如图 5-44 所示。

图 5-43　调整特效时长（2）　　　　　　图 5-44　单击"导出"按钮

▶▷ 步骤10 弹出"导出"对话框，修改视频的标题，如图 5-45 所示，单击"导出"按钮。

▶▷ 步骤11 执行操作后，即可开始导出视频，并显示导出进度，如图 5-46 所示，导出完成后，即可将视频保存。

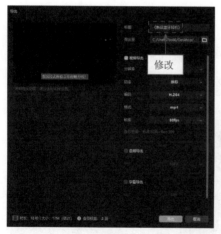

图 5-45　修改视频标题　　　　　　　　图 5-46　显示导出进度

第 **6** 章

八个运用剪映
生成虚拟数字人
视频的步骤

　　除了可以运用 AI 功能完成视频的制作与编辑之外，用户也可以运用剪映生成热门的虚拟数字人视频。本章以制作旅游宣传短视频为例，分别介绍运用剪映手机版和电脑版生成虚拟数字人视频的基础步骤，帮助用户掌握具体的操作方法，从而生成专属的虚拟数字人视频。

6.1 效果展示

　　旅游宣传短视频主要是通过数字人口播及风景展示的形式，对巴丹吉林沙漠进行了介绍和推广，从而吸引更多的人来体验沙漠之美，如图 6-1 所示。

图 6-1　效果展示

6.2 四个运用剪映手机版生成数字人的步骤

　　运用剪映手机版制作旅游宣传短视频，主要有生成数字人口播文案、渲染数字人素材、调整数字人效果和调整视频字幕这四个步骤。

6.2.1 生成数字人口播文案

　　在剪映中，数字人主要是使用文案进行驱动的，因此用户可以先运用剪映的 AI 功能生成数字人口播需要的文案。下面介绍具体操作方法：

扫码看视频

　　▶▷ 步骤 1　在剪映手机版中导入风景展示素材，在工具栏中依次点击"文字"按钮和"智能文案"按钮，如图 6-2 所示。

▶▶ 步骤2　弹出 "智能文案" 面板，点击 "写讲解文案" 按钮，输入 "请以 '巴丹吉林沙漠之美' 为主题，写一段旅游宣传口播文案，100 字左右"，如图 6-3 所示，点击 ➡ 按钮，即可开始写作。

图 6-2　点击 "智能文案" 按钮　　图 6-3　输入提示词

▶▶ 步骤3　写作完成后，点击其中的一篇文案，对其内容进行修改，点击 "保存" 按钮，如图 6-4 所示，保存修改的文案。

▶▶ 步骤4　点击面板右下角的 "确认" 按钮，如图 6-5 所示，即可使用该文案，并进入相应面板。

图 6-4　点击 "保存" 按钮　　图 6-5　点击 "确认" 按钮

6.2.2　渲染数字人素材

获得需要的口播文案后，用户可以直接选择在添加文本字幕的

扫码看视频

同时，添加对应的数字人，只需要选择喜欢的数字人形象，就可以让 AI 自动渲染数字人素材。下面介绍具体操作方法：

▶▶ 步骤 1　在面板中选择"添加文本同时添加数字人"选项，如图 6-6 所示，点击"添加至轨道"按钮。

▶▶ 步骤 2　进入"添加数字人"面板，选择一个合适的数字人形象，如图 6-7 所示，点击✅按钮，即可开始生成字幕和数字人素材。

▶▶ 步骤 3　在预览窗口的下方，会显示数字人的渲染进度，如图 6-8 所示，渲染完成后，用户才能查看动态的数字人效果。

图 6-6　选择相应选项　　图 6-7　选择数字人形象　　图 6-8　显示渲染进度

6.2.3　调整数字人效果

完成数字人素材的渲染后，用户还可以对数字人进行调整，例如调整数字人的出现位置、数字人显示的景别和数字人的位置等，为字幕留出充足的空间，也避免遮挡住中间的风景素材。下面介绍具体操作方法：

扫码看视频

▶▶ 步骤 1　在工具栏中点击"画中画"按钮，使数字人素材在画中画轨道中显示出来，调整数字人素材在轨道中的位置，使其起始位置对准 00:01 的位置，如图 6-9 所示，让数字人在 1s 的位置开始显示。

▶▶ 步骤② 在工具栏中点击"景别"按钮,弹出"景别"面板,选择"中景"选项,如图 6-10 所示,调整数字人显示的景别效果,点击✔按钮确认调整。

图 6-9 调整数字人素材在轨道中的位置 图 6-10 选择"中景"选项

▶▶ 步骤③ 在工具栏中点击"基础属性"按钮,如图 6-11 所示,弹出"基础属性"面板。

▶▶ 步骤④ 在"位置"选项卡中,设置"X轴"的参数为300、"Y轴"的参数为200,如图 6-12 所示,调整数字人在画面中的位置,使其位于画面的右下角,即可完成数字人效果的调整。

图 6-11 点击"基础属性"按钮 图 6-12 设置相应参数

6.2.4　调整视频字幕

在本案例中，调整视频字幕主要有两个原因：一是为了与数字人口播素材更匹配；二是为了美化字幕效果。下面介绍具体操作方法：

扫码看视频

▶▶ 步骤1　选择第一段字幕，在工具栏中点击"批量编辑"按钮，如图 6-13 所示，弹出相应面板。

▶▶ 步骤2　点击面板左上角的"选择"按钮，如图 6-14 所示，所有字幕呈现可选中状态。

▶▶ 步骤3　点击"全选"按钮，将所有字幕选中，点击"删除"按钮，如图 6-15 所示，即可删除所有字幕，点击✓按钮，退出面板。

图 6-13　点击"批量编辑"　　图 6-14　点击"选择"　　图 6-15　点击"删除"
　　　　　　按钮　　　　　　　　　　按钮　　　　　　　　　　按钮

▶▶ 步骤4　在工具栏中点击"识别字幕"按钮，弹出"识别字幕"面板，点击"开始匹配"按钮，如图 6-16 所示，即可根据数字人口播素材生成对应的字幕。

▶▶ 步骤5　点击"批量编辑"按钮，在面板中对部分字幕进行适当调整，如图 6-17 所示。

▶▶ 步骤6　选择第一条字幕，点击右下角的Aa按钮，如图 6-18 所示，进入字幕编辑面板。

图 6-16　点击"开始匹配"　　　图 6-17　调整部分字幕　　　图 6-18　点击相应
　　　　　按钮　　　　　　　　　　　的内容　　　　　　　　　按钮（1）

▶▶ 步骤 7　在"字体"|"基础"选项卡中，设置字体为"宋体"，如图 6-19 所示。

▶▶ 步骤 8　在"样式"选项卡中，选择一个文字样式，设置"字号"参数
为 6，如图 6-20 所示，美化字幕效果，并放大字幕。

▶▶ 步骤 9　在"样式"|"粗斜体"选项卡中，点击 B 按钮，如图 6-21 所示，
加粗字幕，连续两次点击 ✓ 按钮，退出所有面板。

图 6-19　设置文字字体　　图 6-20　设置"字号"参数　图 6-21　点击相应按钮（2）

▶▶ 步骤10　在工具栏中点击"基础属性"按钮，如图 6-22 所示，弹出"基础属性"面板。

▶▶ 步骤11　在"位置"选项卡中，保持"Y 轴"参数为 –729 不变，设置"X 轴"的参数为 –400，如图 6-23 所示，将字幕向左移，避免字幕与数字人重叠。

▶▶ 步骤12　调整最后一段字幕的时长，使其结束位置对准数字人素材的结束位置，如图 6-24 所示，即可完成视频的制作。

图 6-22　点击"基础属性"按钮

图 6-23　设置"X 轴"参数

图 6-24　调整字幕时长

6.3　四个运用剪映电脑版生成数字人的步骤

运用剪映电脑版制作旅游宣传短视频时，制作思路是一样的，只是操作顺序和步骤略有不同，包括选择数字人形象、智能创作口播文案、渲染并调整数字人素材和匹配并优化视频字幕这四个步骤。

6.3.1　选择数字人形象

在剪映电脑版中，用户要添加一段文本后，才能找到添加数字人的入口。因此，用户可以先选择一个数字人形象，生成一段默认的数字人素材，从而保留数字人编辑的入口，方便后续文案的创作和数字人的生成与调整。下面介绍具体操作方法：

扫码看视频

▶▶ 步骤1 将风景展示素材添加到视频轨道中，拖动时间轴至 00:01 的位置，在"文本"功能区的"新建文本"选项卡中，单击"默认文本"右下角的"添加到轨道"按钮⊕，如图 6-25 所示，添加一段默认文本。

▶▶ 步骤2 切换至"数字人"操作区，选择一个合适的数字人形象，如图 6-26 所示，单击"添加数字人"按钮，即可生成一段默认的数字人素材。

图 6-25　单击"添加到轨道"按钮

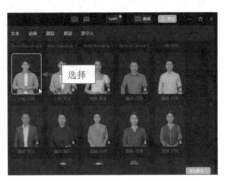

图 6-26　选择数字人形象

6.3.2　智能创作口播文案

在剪映电脑版中，用户可以直接运用 AI 创作数字人的口播文案，并一键生成对应的数字人素材。下面介绍具体操作方法：

扫码看视频

▶▶ 步骤1 选择默认文本，单击"删除"按钮🗑，如图 6-27 所示，将其删除。

▶▶ 步骤2 选择数字人素材，切换至"文案"操作区，删除文本框中的默认文案，单击"智能文案"按钮，如图 6-28 所示。

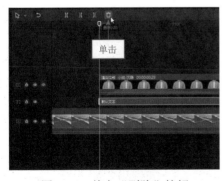

图 6-27　单击"删除"按钮

图 6-28　单击"智能文案"按钮

▶▶ 步骤3 弹出"智能文案"对话框，单击"写口播文案"按钮，输入"请以'巴丹吉林沙漠之美'为主题，写一段旅游宣传口播文案，100 字左右"，如

图 6-29 所示，单击 按钮，即可开始创作文案。

▶▷ 步骤 4　在"智能文案"对话框中，选择一篇文案，单击"确认"按钮，如图 6-30 所示，即可将选择的文案内容填入"文案"操作区的文本框中，在文本框中适当调整文案内容。

图 6-29　输入提示词　　　　　　　　图 6-30　单击"确认"按钮

6.3.3　渲染并调整数字人素材

有了口播文案，用户就可以让 AI 根据文案重新生成并渲染对应的数字人素材。渲染完成后，用户可以对数字人素材的效果进行调整和优化。下面介绍具体操作方法：

扫码看视频

▶▷ 步骤 1　单击"文案"操作区右下角的"确认"按钮，如图 6-31 所示，让 AI 根据文案生成对应的数字人素材。

▶▷ 步骤 2　在画中画轨道的数字人素材上，会显示渲染进度，如图 6-32 所示，渲染完成后，即可查看数字人效果。

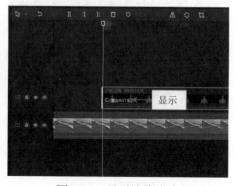

图 6-31　单击"确认"按钮　　　　　　图 6-32　显示渲染进度

▶▷ 步骤 3　切换至"数字人形象"操作区，在"景别"选项卡中，选择"中景"选项,如图 6-33 所示,更改数字人显示的景别类型。

▶▶ 步骤 4 切换至"画面"操作区,在"基础"选项卡中,设置"位置"选项的 X 参数为 1300、Y 参数为 −400,如图 6-34 所示,调整数字人的位置,使其位于画面的右下角。

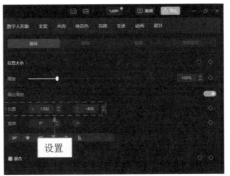

图 6-33 选择"中景"选项　　　　图 6-34 设置"位置"参数

6.3.4 匹配并优化视频字幕

运用剪映电脑版的"文稿匹配"功能,用户可以让 AI 根据数字人素材中的音频自动匹配并生成字幕,并对字幕进行优化。下面介绍具体操作方法:

扫码看视频

▶▶ 步骤 1 在"文本"功能区的"智能字幕"选项卡中单击"文稿匹配"中的"开始匹配"按钮,如图 6-35 所示,弹出"输入文稿"面板。

▶▶ 步骤 2 输入口播文案,如图 6-36 所示,单击"开始匹配"按钮,即可开始根据数字人口播素材匹配文案,并生成对应的字幕。

图 6-35 单击"开始匹配"按钮　　　　图 6-36 输入口播文案

▶▶ 步骤3 在"字幕"操作区中，对字幕内容进行适当调整，切换至"文本"操作区，更改文字字体，设置"字号"参数为6，如图6-37所示，将文字放大。

▶▶ 步骤4 在"样式"选项区中单击 **B** 按钮，为文字添加加粗效果，在"预设样式"选项区中选择一个合适的样式，如图6-38所示，美化字幕效果。

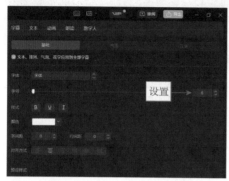

图6-37 设置"字号"参数　　　　　图6-38 选择一个预设样式

▶▶ 步骤5 在"位置大小"选项区中，设置"位置"选项的X参数为 −400、Y参数为 −729，如图6-39所示，使字幕不会遮挡住数字人。

▶▶ 步骤6 调整最后一段字幕的时长，使其结束位置对准数字人素材的结束位置，如图6-40所示，即可完成字幕效果的优化。

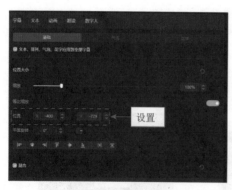
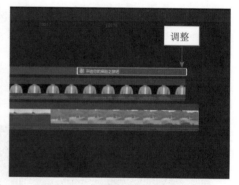

图6-39 设置"位置"参数　　　　　图6-40 调整字幕的时长

第**7**章

九个运用腾讯智影生成虚拟数字人视频的步骤

腾讯智影是腾讯推出的一款基于 AI 技术的虚拟数字人生成工具，它拥有丰富的数字人形象和模板，可以满足用户多样化的虚拟数字人需求。本章用两个案例，分别介绍在数字人播报页面和视频剪辑页面中生成虚拟数字人的操作步骤，帮助用户掌握虚拟数字人视频的生成方法。

7.1 五个在数字人播报页面中生成数字人的步骤

"数字人播报"是由腾讯智影数字人团队研发多年不断完善推出的在线智能数字人视频创作功能，在数字人播报页面中，视频轨道与数字人内容编辑窗口结合在一起，可以让用户一站式完成"数字人播报＋视频创作"的流程。

在数字人播报页面中生成数字人，一共有搜索并应用数字人模板、调整模板的样式、更改数字人播报内容、修改视频中的字幕及合成数字人视频这五个步骤，效果如图 7-1 所示。

图 7-1 效果展示

7.1.1 搜索并应用数字人模板

腾讯智影提供了种类繁多的数字人模板，用户可以通过直接搜索的方式来寻找需要的模板，并应用选中的模板。下面介绍具体操作方法：

扫码看视频

▶▶ 步骤 1 在浏览器中输入并搜索"腾讯智影"，在搜索结果中单击官网链接，如图 7-2 所示。

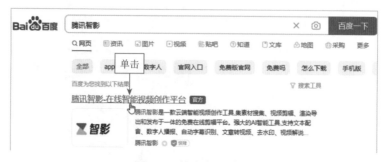

图 7-2 单击官网链接

▶▶ 步骤 2 进入腾讯智影官网，单击页面右上角的"登录"按钮，如图 7-3 所示。

图 7-3　单击"登录"按钮

▶▶ 步骤 3　弹出登录对话框，如图 7-4 所示，选择喜欢的方式，根据操作提示进行登录。

图 7-4　弹出登录对话框

提醒：以微信登录为例，用户需要打开手机微信，点击"微信"界面右上角的⊕按钮，在弹出的列表框中选择"扫一扫"选项，对准登录对话框中的二维码进行扫描，即可完成登录，进入腾讯智影的"创作空间"页面。

▶▶ 步骤 4　登录完成后，进入腾讯智影的"创作空间"页面，在"数字人播报"中单击"去创作"按钮，如图 7-5 所示，即可进入数字人播报页面。

图 7-5　单击"去创作"按钮

▶▶ 步骤5　在左侧的"模版"面板中，输入并搜索"书籍推荐"数字人模板，在"横版"选项卡中选择合适的数字人模板，如图 7-6 所示。

▶▶ 步骤6　弹出"书籍推荐"数字人模板预览，单击右下角的"应用"按钮，如图 7-7 所示，即可使用该模板，并将其添加到视频轨道中。

图 7-6　选择数字人模板

图 7-7　单击"应用"按钮

7.1.2　调整模板的样式

在对模板的内容进行调整前，用户可以先对模板的样式进行调整，例如删除不需要的元素、调整数字人的位置和大小等。下面介绍具体操作方法：

扫码看视频

▶▶ 步骤1　在视频轨道中选择第二段数字人视频，在预览窗口中选择图书封面，按【Delete】键将其删除，选择数字人，在右侧的编辑区中切换至"画面"选项卡，设置"坐标"的 X 参数为 315、Y 参数为 0，如图 7-8 所示，调整数字人在画面中的位置。

图 7-8   设置"坐标"参数

▶▶ 步骤 2 设置"缩放"参数为 100%，如图 7-9 所示，将数字人放大。

图 7-9   设置"缩放"参数

7.1.3   更改数字人播报内容

每个模板都自带了相关主题的数字人播报内容，用户要想制作出自己的数字人视频，就需要将播报内容更改为自己准备的内容。下面介绍具体操作方法：

扫码看视频

▶▶ 步骤 1 选择第一段数字人视频，在"播报内容"选项卡的文本框中，更改文字内容，如图 7-10 所示。

▶▶ 步骤 2 在"播报内容"选项卡的下方，单击"保存并生成播报"按钮，如图 7-11 所示，即可让 AI 根据修改后的内容生成播报音频。

▶▶ 步骤 3 用同样的方法，分别更改第二段、第三段和第四段数字人视频中的播报内容，如图 7-12 所示，并生成新的播报音频。

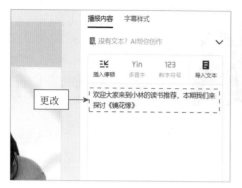

图 7-10　更改文字内容　　　　图 7-11　单击"保存并生成播报"按钮

图 7-12　更改播报内容

7.1.4　修改视频中的字幕

虽然更改了数字人播报内容，但视频中的字幕并不会自动更新，用户需要手动对视频中的字幕进行修改。下面介绍具体操作方法：

▶▶ 步骤1　选择第一段数字人视频，在预览窗口中选择第一段字幕，在"样式编辑"选项卡中的文本框中，修改字幕内容，如图 7-13 所示。

▶▶ 步骤2　用同样的方法，对剩下的字幕进行修改，如图 7-14 所示。

> 提醒：在修改字幕时，用户要在合适的位置对字幕内容进行分段，从而让字幕可以错落有致地显示在画面中。

图 7-13 修改字幕内容（1）

图 7-14 修改字幕内容（2）

7.1.5 合成数字人视频

完成数字人视频的所有编辑后，用户需要先合成视频，才能查看动态的数字人效果。下面介绍具体操作方法：

扫码看视频

▶▶ 步骤 1 在数字人播报页面的右上方，单击"合成视频"按钮，如图 7-15 所示。

▶▶ 步骤 2 弹出"合成设置"对话框，修改视频的名称，单击"确定"按钮，如图 7-16 所示。

图 7-15　单击"合成视频"按钮

图 7-16　单击"确定"按钮（1）

▶▶ 步骤3　弹出"功能消耗提示"对话框，单击"确定"按钮，如图 7-17 所示，即可开始合成视频。

▶▶ 步骤4　跳转至"我的资源"页面，查看合成进度，如图 7-18 所示，合成结束后，即可查看视频效果。

图 7-17　单击"确定"按钮（2）

图 7-18　查看合成进度

7.2　四个在视频剪辑页面中生成数字人的步骤

除了直接在数字人播报页面中生成数字人之外，用户也可以运用腾讯智影的"视频剪辑"功能和数字人资源，生成需要的数字人视频。在视频剪辑页面中生成数字人，一共有添加数字人模板、调整数字人形象、更改配音文本和音色及编辑视频字幕这四个步骤，效果如图 7-19 所示。

图 7-19　效果展示

7.2.1　添加数字人模板

腾讯智影的视频剪辑页面同样提供了各种各样的数字人模板，用户可以选择想要的模板进行添加。下面介绍具体操作方法：

▶▶ 步骤 1　在腾讯智影的"创作空间"页面中，单击"视频剪辑"按钮，如图 7-20 所示。

扫码看视频

图 7-20　单击"视频剪辑"按钮

▶▶ 步骤 2　进入视频剪辑页面，单击"模板库"按钮，展开"模板"面板，在"数字人"选项卡中单击相应模板右上角的"添加到轨道"按钮，如图 7-21 所示，即可添加一个数字人视频模板，并进入数字人编辑页面。

图 7-21　单击"添加到轨道"按钮

7.2.2　调整数字人形象

扫码看视频

数字人模板中一般有一个数字人形象作为主体，用户可以更换数字人形象，还可以对数字人的服装、动作、位置和大小进行设置。下面介绍具体操作方法：

▶▶ 步骤1　为了对数字人模板进行更全面的编辑，用户可以返回视频剪辑页面，只需要在数字人编辑页面中，选择数字人模板，单击模板上的"高级编辑"按钮即可，如图 7-22 所示。

▶▶ 步骤2　在轨道中的任意素材上右击，在弹出的快捷菜单中选择"解除编组"选项，如图 7-23 所示，将所有素材变成可以单独编辑的个体。

图 7-22　单击"高级编辑"按钮

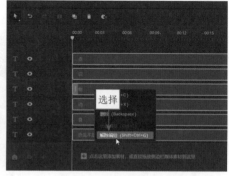

图 7-23　选择"解除编组"选项

▶▶ 步骤3　在轨道中选择数字人素材，在"数字人编辑"面板的"配音"选项卡中，单击"数字人切换"按钮，如图 7-24 所示。

图 7-24　单击"数字人切换"按钮

▶▶ 步骤 4　弹出"选择数字人"面板，在"免费"选项卡中，选择一个合适的数字人形象，如图 7-25 所示，单击"确认"按钮，即可更换数字人形象。

图 7-25　选择数字人形象

▶▶ 步骤 5　切换至"形象及动作"选项卡，在"服装颜色"选项区中，选择第五个色块，如图 7-26 所示，即可更改数字人服装的颜色。

▶▶ 步骤 6　在"动作"选项区中，单击"右手体侧向上…"选项右上角的 ➕ 按钮，如图 7-27 所示，即可为数字人添加动作效果。

▶▶ 步骤 7　切换至"画面"选项卡，设置"缩放"参数为 180%、"位置"选项的 X 参数为 0、Y 参数为 −50，如图 7-28 所示，即可调整数字人的大小和位置。

▶▶ 步骤 8　在预览窗口中，用户可以查看调整数字人形象后的效果，如图 7-29 所示。

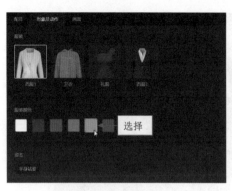

图 7-26　选择第五个色块

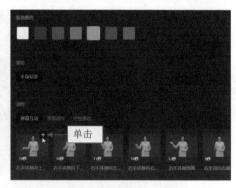

图 7-27　单击相应按钮

图 7-28　设置相应参数

图 7-29　查看调整数字人形象后的效果

7.2.3　更改配音文本和音色

用户可以通过更改配音文本来生成对应内容的数字人口播音频。另外，如果用户对模板自带的音色不满意，也可以对其进行更改。下面介绍具体操作方法：

扫码看视频

▶▶ 步骤 1　在"数字人编辑"面板中，切换至"配音"选项卡，单击文本框的空白位置，弹出"数字人文本配音"面板，修改文本内容，如图 7-30 所示。

▶▶ 步骤 2　单击配音音色头像，弹出"选择音色"面板，选择一个喜欢的音色，如图 7-31 所示，单击"确认"按钮，即可更改数字人的音色。

▶▶ 步骤 3　返回"数字人文本配音"面板，单击"保存并生成音频"按钮，如图 7-32 所示，即可生成对应内容的数字人口播音频。

> 提醒：用户在选择数字人音色时，可以单击音色上的▷按钮，试听该音色。另外，用户还可以对数字人的读速进行设置，以获得更能满足需求的音频效果。

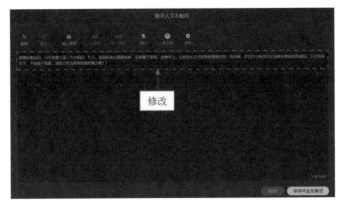

图 7-30　修改文本内容

图 7-31　选择一个音色

图 7-32　单击"保存并生成音频"按钮

7.2.4 编辑视频字幕

在视频剪辑页面中，用户可以对视频字幕进行删减、提取和调整等操作。这样做，一方面，可以更准确地传达视频内容；另一方面，可以增加视频的美观度。下面介绍具体操作方法：

扫码看视频

▶▶ 步骤 1　在预览窗口中，选择第一段英文字幕，如图 7-33 所示，按【Delete】键将其删除。用同样的方法，将另一段英文字幕也进行删除。

▶▶ 步骤 2　选择空白的字幕条，如图 7-34 所示，按【Delete】键将其删除。

图 7-33　选择第一段英文字幕　　　　　图 7-34　选择空白的字幕条

▶▶ 步骤 3　在预览窗口中选择要修改的第一段字幕，在"编辑"选项卡的文本框中修改字幕内容，如图 7-35 所示。用同样的方法，修改剩下的视频字幕，并删除不需要的字幕。

▶▶ 步骤 4　在轨道中选择数字人素材，在"配音"选项卡的右下角单击"提取字幕"按钮，如图 7-36 所示，即可根据口播音频和配音文本生成对应的视频字幕。

图 7-35　修改字幕内容　　　　　　图 7-36　单击"提取字幕"按钮

▶▶ 步骤5 对字幕内容进行适当调整，选择第一段字幕，切换至"编辑"选项卡，在"字符"选项区中，设置字体为"楷体"，如图7-37所示，即可美化字幕效果。

▶▶ 步骤6 在轨道中，拖动时间轴至数字人素材的结束位置，选择所有时长比数字人素材长的素材，单击"分割"按钮，如图7-38所示，即可分割出多余的素材。

图 7-37 设置文字字体　　　　　　图 7-38 单击"分割"按钮

▶▶ 步骤7 选择所有分割出的素材，单击"删除"按钮，如图7-39所示，进行删除，即可完成视频时长的调整。

▶▶ 步骤8 在视频剪辑页面中，单击最上方的"您正在使用高级编辑，点击此处即可返回数字人编辑"链接，返回数字人编辑页面，单击"合成"按钮，弹出"合成设置"对话框，修改视频的名称，如图7-40所示，单击"合成"按钮，根据提示进行操作，即可完成视频的合成处理。

图 7-39 单击"删除"按钮　　　　　图 7-40 修改视频名称

第 **8** 章

案例：用剪映制作
《课程宣传》

制作虚拟数字人视频的操作比较简单，用户可以轻松掌握，并应用到生活和工作中。本章以《课程宣传》为例，介绍用剪映手机版和剪映电脑版制作虚拟数字人视频的操作方法，帮助用户了解更多虚拟数字人视频的编辑技巧。

8.1 效果展示与素材生成

在学习操作方法之前，先来欣赏一下《课程宣传》的效果，并运用 Dreamina 生成虚拟数字人视频所需要的背景图片，为后续的视频制作做好准备。

8.1.1 效果展示

《课程宣传》主要是对 AI 摄影课程进行推广，通过介绍学习 AI 摄影的原因和好处，以及课程的优势，吸引受众购买课程，效果如图 8-1 所示。

图 8-1 效果展示

8.1.2 运用 Dreamina 生成背景图片

在剪映中生成的虚拟数字人视频，默认背景是透明的，用户可以添加自己的素材作为背景。如果用户没有合适的素材，可以用 Dreamina 生成合适的背景图片。下面介绍具体操作方法：

扫码看视频

▶▶ 步骤 1　在"图片生成"页面中，输入"一张背景图，上方是一块黑板，整体清新、雅致"，如图 8-2 所示。

▶▶ 步骤 2　设置"精细度"参数为 50、"比例"为 9∶16，如图 8-3 所示，提高图片的质量，并更改图片的尺寸。

图 8-2　输入提示词　　　　　　　　　　图 8-3　设置相关参数

▶▶ 步骤 3　单击"立即生成"按钮，即可生成四张相应的图片，在第一张图片上的工具栏中单击"细节重绘"按钮 🖊，如图 8-4 所示。

▶▶ 步骤 4　执行操作后，即可对第一张图片的细节进行重新绘制，在新绘制的图片上的工具栏中单击"消除笔"按钮 🖉，如图 8-5 所示。

图 8-4　单击"细节重绘"按钮　　　　　图 8-5　单击"消除笔"按钮

▶▶ 步骤 5　执行操作后，弹出"消除笔"对话框，选取需要消除的内容，如图 8-6 所示，单击"立即生成"按钮，即可生成处理后的图片。

▶▶ 步骤 6　在处理后的图片上的工具栏中，单击"超清图"按钮 HD，如图 8-7 所示，即可获得超清的背景图片。

图 8-6 选取需要消除的内容

图 8-7 单击"超清图"按钮

8.2 五个运用剪映手机版制作视频的步骤

运用剪映手机版制作《课程宣传》虚拟数字人视频，主要有生成数字人口播素材、编辑数字人效果、制作视频片头、生成并调整字幕及添加背景音乐这五个步骤。

8.2.1 生成数字人口播素材

《课程宣传》虚拟数字人视频主要是通过数字人口播的形式来介绍课程的相关知识，因此制作视频的第一步就是生成数字人口播素材。用户可以先用 AI 创作口播文案，再选择数字人形象进行生成。下面介绍具体操作方法：

扫码看视频

▶▶ 步骤 1 将背景图片添加到视频轨道中，在工具栏中依次点击"文字"按钮和"智能文案"按钮，如图 8-8 所示。

▶▶ 步骤 2 在"智能文案"面板中，点击"写讲解文案"按钮，输入提示词，如图 8-9 所示，点击 按钮，即可开始创作。

▶▶ 步骤 3 创作完成后，对其中的一篇文案内容进行调整，如图 8-10 所示，依次点击"保存"按钮和"确认"按钮，即可使用该文案，并进入相应面板。

▶▶ 步骤 4 选择"添加文本同时添加数字人"选项，如图 8-11 所示，点击"添加至轨道"按钮。

▶▶ 步骤5 弹出"添加数字人"面板，选择一个合适的数字人形象，如图 8-12 所示，点击 ✓ 按钮，即可添加拆分后的字幕，并开始渲染数字人口播素材，渲染完成后，即可查看数字人口播效果。

图 8-8 点击"智能文案"按钮　　　　图 8-9 输入提示词

图 8-10 调整文案内容　　图 8-11 选择相应选项　　图 8-12 选择数字人形象

8.2.2 编辑数字人效果

生成数字人口播素材后，用户可以对数字人效果进行编辑，例如更改数字人音色、为数字人添加美颜效果及调整数字人的位置和大小，使数字人更美观，也更符合视频的需求。下面介绍具体操作方法：

扫码看视频

▶▶ 步骤1 点击"画中画"按钮，在显示的画中画轨道中选择数字人口播素材，在工具栏中点击"换音色"按钮，如图 8-13 所示。

▶▶ 步骤2 弹出"音色选择"面板，在"女声音色"选项卡中选择"知性女声"音色，如图 8-14 所示，点击☑按钮，即可更改数字人的音色，并使用选择的音色生成新的数字人口播素材。

▶▶ 步骤3 在工具栏中点击"美颜美体"按钮，如图 8-15 所示。

图 8-13　点击"换音色"　　图 8-14　选择"知性女声"　　图 8-15　点击"美颜美体"
　　　　　按钮　　　　　　　　　　　音色　　　　　　　　　　　　按钮

▶▶ 步骤4 进入美颜美体工具栏，点击"美颜"按钮，如图 8-16 所示。

▶▶ 步骤5 弹出相应面板，默认进入"美颜"选项卡，选择"美白"选项，设置其参数为 40，如图 8-17 所示，使人物面部皮肤更白皙，点击☑按钮，退出面板。

第8章

案例：用剪映制作《课程宣传》

▶▶ 步骤 6 在工具栏中点击"基础属性"按钮，如图 8-18 所示，弹出"基础属性"面板。

图 8-16 点击"美颜"按钮

图 8-17 设置"美白"参数

图 8-18 点击"基础属性"按钮

▶▶ 步骤 7 在"位置"选项卡中，设置"X轴"的参数为 80、"Y轴"的参数为 100，如图 8-19 所示，适当调整数字人的位置。

▶▶ 步骤 8 切换至"缩放"选项卡，设置其参数为 85%，如图 8-20 所示，适当缩小数字人形象，即可完成数字人形象的调整。

图 8-19 设置"位置"参数　　图 8-20 设置"缩放"参数

8.2.3 制作视频片头

一个简单的片头也能够起到宣传的作用，让受众第一眼就了解视频的主题和内容。下面介绍具体操作方法：

▶▷ 步骤1 选择背景素材，在视频的起始位置，点击"复制"按钮，如图 8-21 所示，将其复制一份。

▶▷ 步骤2 将第一段背景素材的时长调整为 2.5s，如图 8-22 所示。

▶▷ 步骤3 选择数字人口播素材，在其起始位置，点击"定格"按钮，如图 8-23 所示，即可生成一段时长为 3.0s 的定格素材。

图 8-21　点击"复制"按钮　　图 8-22　调整素材时长　　图 8-23　点击"定格"按钮

▶▷ 步骤4 调整数字人定格素材的时长和位置，使其时长为 1.5s、结束位置对准第一段背景素材的结束位置，如图 8-24 所示，调整数字人口播素材的位置，使其起始位置与第二段背景素材的起始位置对齐，并将第二段背景素材的时长调整为 01:01s。

▶▷ 步骤5 选择第一段背景素材，在工具栏中点击"动画"按钮，如图 8-25 所示，弹出"动画"面板。

▶▷ 步骤6 在"入场动画"选项卡中选择"交错开幕"动画，如图 8-26 所示，为第一段背景素材添加入场动画，点击✓按钮，退出"动画"面板。

图 8-24　调整素材的时长　　图 8-25　点击"动画"　　图 8-26　选择"交错开幕"
　　　　　　和位置　　　　　　　　　　按钮　　　　　　　　　　动画

▶▶ 步骤 7　用同样
的方法，为数字人定格素
材添加"渐显"入场动画，
如图 8-27 所示，让数字
人形象慢慢显示出来。

▶▶ 步骤 8　在数字
人定格素材的起始位置，
依次点击"文字"按钮和"文
字模板"按钮，在"文字
模板"｜"片头标题"选项
卡中，选择一个合适的文
字模板，如图 8-28 所示。

图 8-27　添加"渐显"入场动画　　图 8-28　选择文字模板

▶▶ 步骤 9　修改文字模板的两段文本内容，如图 8-29 所示。

▶▶ 步骤 10　调整文字模板的时长，使其结束位置与数字人口播素材的结束
位置对齐，如图 8-30 所示。

图 8-29　修改文本内容　　　图 8-30　调整文字模板的时长

▶▷ 步骤11　在工具栏中点击"基础属性"按钮，在"基础属性"面板的"位置"选项卡中，设置"X 轴"的参数为60、"Y 轴"的参数为700，如图 8-31 所示，使文字模板位于画面的上方。

▶▷ 步骤12　切换至"缩放"选项卡，设置其参数为130%，如图 8-32 所示，放大文字模板，使其更醒目，即可完成片头的制作。

图 8-31　设置"位置"参数　图 8-32　设置"缩放"参数

8.2.4　生成并调整字幕

扫码看视频

在生成数字人口播素材时，一同生成的还有视频的字幕。但是，在编辑的过程中，字幕难免会受到影响，发生位置的偏移，因此用户最好重新生成字幕，并对其效果进行调整。下面介绍具体操作方法：

▶▶ 步骤 1　选择第一段视频字幕，在工具栏中点击"批量编辑"按钮，如图 8-33 所示，弹出相应面板。

▶▶ 步骤 2　全选所有字幕，点击"删除"按钮，如图 8-34 所示，将字幕全部删除，点击✓按钮，退出面板。

▶▶ 步骤 3　在工具栏中点击"识别字幕"按钮，在"识别字幕"面板中点击"开始匹配"按钮，如图 8-35 所示，即可自动生成与数字人口播素材匹配的字幕。

图 8-33　点击"批量编辑"按钮　　图 8-34　点击"删除"按钮　　图 8-35　点击"开始匹配"按钮

提醒：虽然"识别字幕"功能可以在生成字幕的同时清空视频中已有的字幕，但只能删除同样使用"识别字幕"功能生成的字幕，其他方式添加和生成的字幕需要用户手动进行删除。

▶▶ 步骤 4　对生成的字幕进行标点符号的添加和错别字的更正，选择生成的第一段字幕，在工具栏中点击"编辑"按钮，如图 8-36 所示，弹出字幕编辑面板。

▶▶ 步骤 5　在"字体" | "基础"选项卡中，设置字体为"宋体"，如图 8-37 所示，更改字幕的字体效果。

图 8-36　点击"编辑"按钮

图 8-37　设置文字字体

▶▶ 步骤 6　在"样式" | "描边"选项卡中，点击 ⊘ 按钮，如图 8-38 所示，取消字幕的描边效果。

▶▶ 步骤 7　切换至"背景"选项卡，选择第二个背景填充样式，如图 8-39 所示。

图 8-38　点击相应按钮

图 8-39　选择第二个背景填充样式

▶▶ 步骤 8   选择一个好看的背景颜色，如图 8-40 所示，让字幕在画面中变得醒目，点击☑按钮，退出字幕编辑面板。

▶▶ 步骤 9   在工具栏中点击"基础属性"按钮，如图 8-41 所示，弹出"基础属性"面板。

图 8-40   选择背景颜色   图 8-41   点击"基础属性"按钮

▶▶ 步骤 10   在"位置"选项卡中，保持"X轴"的参数为 0 不变，设置"Y轴"的参数为 −720，如图 8-42 所示，调整字幕的位置。

▶▶ 步骤 11   在"缩放"选项卡中，设置其参数为 120%，如图 8-43 所示，放大字幕效果。

图 8-42   设置"Y轴"参数   图 8-43   设置"缩放"参数

8.2.5　添加背景音乐

扫码看视频

如果用户觉得视频中只有数字人口播音频太单调，可以添加一首纯音乐作为视频的背景音乐。需要注意的是，用户最好对背景音乐的音量进行调整，避免盖过数字人口播音频。下面介绍具体操作方法：

▶▶ 步骤1　在视频的起始位置，依次点击"音频"按钮和"音乐"按钮，如图 8-44 所示，进入"音乐"界面。

▶▶ 步骤2　在搜索栏中输入并搜索"欢快愉悦开心"音乐，在搜索结果中点击相应音乐右侧的"使用"按钮，如图 8-45 所示，为视频添加背景音乐。

▶▶ 步骤3　在第二段背景素材的结束位置，选择添加的背景音乐，在工具栏中点击"分割"按钮，如图 8-46 所示，即可分割出多余的背景音乐，并自动选中。

图 8-44　点击"音乐"按钮　　图 8-45　点击"使用"按钮　　图 8-46　点击"分割"按钮

▶▶ 步骤4　在工具栏中点击"删除"按钮，如图 8-47 所示，将多余的音乐删除，即可完成背景音乐的添加。

▶▶ 步骤5　选择背景音乐，在工具栏中点击"音量"按钮，如图 8-48 所示，弹出"音量"面板。

▶▶ 步骤6　设置"音量"参数为 10，如图 8-49 所示，即可降低背景音乐的音量，突显出数字人口播的声音。

第 8 章

案例：用剪映制作《课程宣传》

图 8-47 点击"删除"
按钮

图 8-48 点击"音量"
按钮

图 8-49 设置"音量"
参数

▶▶ 步骤7 为了让视频效果更完整，用户可以设置一个片尾效果，选择第二段背景素材，在工具栏中点击"动画"按钮，如图 8-50 所示，弹出"动画"面板。

▶▶ 步骤8 在"出场动画"选项卡中，选择"渐隐"动画，设置动画时长参数为 1.0s，如图 8-51 所示，即可制作出慢慢变黑的片尾效果。

图 8-50 点击"动画"按钮

图 8-51 设置动画时长参数

8.3 三个运用剪映电脑版制作视频的步骤

运用剪映电脑版制作《课程宣传》虚拟数字人视频，思路与手机版的一致，先用"图文成片"功能生成一个视频框架，再进行填充和优化。本节主要介绍制作《课程宣传》的三个步骤，包括生成并调整数字人素材、制作片头片尾及添加字幕和音频。

8.3.1 生成并调整数字人素材

扫码看视频

在剪映电脑版中，用户可以直接使用文案生成对应的数字人素材，并对其音色、美颜美体、位置和大小进行调整。下面介绍具体操作方法：

▶▷ 步骤 1 将背景素材添加到视频轨道中，在"文本"功能区的"新建文本"选项卡中，单击"默认文本"选项右下角的"添加到轨道"按钮 ➕，如图 8-52 所示，添加一段默认文本。

▶▷ 步骤 2 在"数字人"操作区中，选择一个合适的数字人形象，如图 8-53 所示，单击"添加数字人"按钮，即可生成一段数字人素材。

图 8-52 单击"添加到轨道"按钮　　　图 8-53 选择数字人形象

▶▷ 步骤 3 在"文案"操作区中，删除原有的默认文案，输入视频文案，如图 8-54 所示，单击"确认"按钮，即可根据文案生成数字人素材。

▶▷ 步骤 4 选择默认文本，单击"删除"按钮 🗑，如图 8-55 所示，将不需要的文本进行删除。

▶▷ 步骤 5 选择数字人素材，在"换音色"操作区中，选择"知性女声"音色，如图 8-56 所示，单击"开始朗读"按钮，即可更改数字人的音色，并重新生成数字人素材。

第 8 章

案例：用剪映制作《课程宣传》

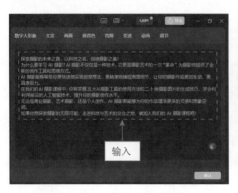

图 8-54 输入视频文案

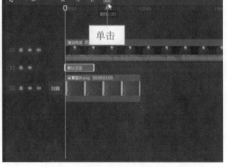

图 8-55 单击"删除"按钮

▶▶ 步骤6 在"画面"操作区的"美颜美体"选项卡中，选中"美颜"复选框，设置"美白"参数为 40，如图 8-57 所示，即可为数字人添加美颜效果，让数字人的脸部肤色更白皙。

图 8-56 选择"知性女声"音色

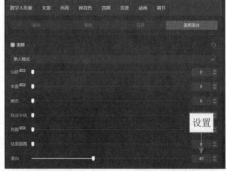

图 8-57 设置"美白"参数

▶▶ 步骤7 切换至"基础"选项卡，设置"缩放"参数为 85%、"位置"的 X 参数为 80、Y 参数为 −400，如图 8-58 所示，调整数字人的位置和大小。

图 8-58 设置相应参数

8.3.2 制作片头片尾

通过对素材添加字幕和动画，用户能够轻松制作出主题鲜明、动感十足的片头片尾效果。下面介绍具体操作方法：

扫码看视频

▶▷ 步骤1 在"媒体"功能区中，单击背景素材右下角的"添加到轨道"按钮 ⊕，如图 8-59 所示，在视频轨道中添加一段背景素材，作为片头素材。

▶▷ 步骤2 选择数字人素材，单击"定格"按钮 ◧，如图 8-60 所示，即可生成一段时长为 3s 的定格素材。

图 8-59　单击"添加到轨道"按钮（1）

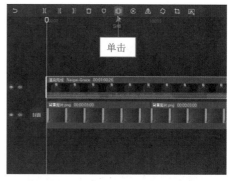
图 8-60　单击"定格"按钮

▶▷ 步骤3 调整第一段背景素材和定格素材的时长，如图 8-61 所示，并调整数字人素材在轨道中的位置，使其起始位置与第二段背景素材的起始位置对齐。

▶▷ 步骤4 将第二段背景素材的时长调整为 00:01:01:00，如图 8-62 所示，为整段数字人素材添加背景，并为片尾提供素材。

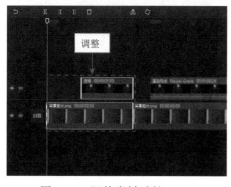
图 8-61　调整素材时长（1）

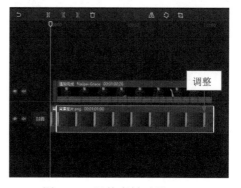
图 8-62　调整素材时长（2）

▶▷ 步骤5 选择第一段背景素材，在"动画"操作区的"入场"选项卡中，选择"交错开幕"动画，如图 8-63 所示，为片头添加入场动画。

▶▷ 步骤 6 选择定格素材，在"入场"选项卡中，选择"渐显"动画，如图 8-64 所示，让数字人慢慢显示出来。

图 8-63 选择"交错开幕"动画　　　　图 8-64 选择"渐显"动画

▶▷ 步骤 7 拖动时间轴至定格素材的起始位置，在"文本"功能区的"文字模板" | "片头标题"选项卡中，单击相应文字模板右下角的"添加到轨道"按钮 ⊕，如图 8-65 所示，添加一段片头文本。

▶▷ 步骤 8 在"文本"操作区中，修改两段文本的内容，如图 8-66 所示。

图 8-65 单击"添加到轨道"按钮（2）　　图 8-66 修改文本内容

▶▷ 步骤 9 在"文本"操作区中，设置"缩放"参数为 130%、"位置"的 X 参数为 60、Y 参数为 1400，如图 8-67 所示，调整字幕的大小和位置，使其更醒目。

▶▷ 步骤 10 调整字幕的时长，使其结束位置对准数字人素材的结束位置，如图 8-68 所示。

▶▷ 步骤 11 选择第二段背景素材，在"动画"操作区的"出场"选项卡中，选择"渐隐"动画，设置"动画时长"参数为 1.0s，如图 8-69 所示，即可制作出画面渐渐变黑的片尾效果。

图 8-67　设置相应参数

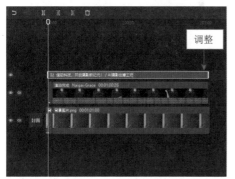

图 8-68　调整字幕时长

图 8-69　设置"动画时长"参数

8.3.3　添加字幕和音频

　　剪映电脑版的"文稿匹配"功能，可以根据视频中的音频，快速进行字幕的匹配和生成。因此，用户可以先完成字幕的添加，再来添加合适的背景音乐。下面介绍具体操作方法：

扫码看视频

　　▶▶ 步骤 1　在"文本"功能区的"智能字幕"选项卡中，单击"文稿匹配"中的"开始匹配"按钮，如图 8-70 所示。

　　▶▶ 步骤 2　弹出"输入文稿"面板，输入视频文案，如图 8-71 所示，单击"开始匹配"按钮，即可开始自动匹配和生成字幕。

　　▶▶ 步骤 3　在"字幕"操作区中适当调整字幕的分段和标点符号，全选所有字幕，在"文本"操作区中，设置"字体"为"宋体"，如图 8-72 所示。

　　▶▶ 步骤 4　在"文本"操作区中，选中"背景"复选框，为文字添加背景效果，选择第二个背景填充样式，如图 8-73 所示，调整文字的背景效果。

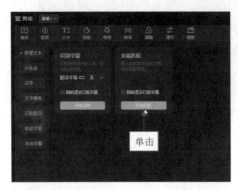

图 8-70　单击"开始匹配"按钮　　　　图 8-71　输入视频文案

图 8-72　设置文字字体　　　　图 8-73　选择第二个背景填充样式

▶▶ 步骤5　展开"颜色"列表框，选择一个合适的背景颜色，如图 8-74 所示，即可更改文字的背景颜色，让文字更醒目。

▶▶ 步骤6　在"文本"操作区的"位置大小"选项区中，设置"缩放"参数为 120%、"位置"的 X 参数为 0、Y 参数为 −1400，如图 8-75 所示，调整文字的大小和位置，即可完成字幕的添加。

▶▶ 步骤7　拖动时间轴至视频起始位置，在"音频"功能区的"音乐素材"选项卡中，输入并搜索"欢快愉悦开心"音乐，在搜索结果中单击相应音乐右下角的"添加到轨道"按钮，如图 8-76 所示，为视频添加一首纯音乐作为背景音乐。

▶▶ 步骤8　拖动时间轴至视频结束位置，单击"向右裁剪"按钮，如图 8-77 所示，删除多余的背景音乐。

图 8-74　选择背景颜色

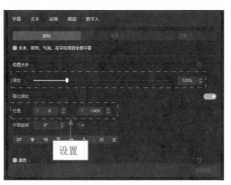

图 8-75　设置相应参数

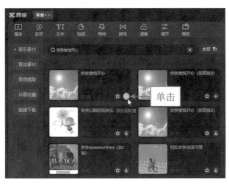

图 8-76　单击"添加到轨道"按钮

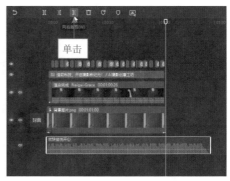

图 8-77　单击"向右裁剪"按钮

▶▶ 步骤9　在"基础"操作区中，设置背景音乐的"音量"参数为 −25.0dB，如图 8-78 所示，降低背景音乐的音量。

图 8-78　设置"音量"参数

第 **9** 章

案例：用腾讯智影
制作《中秋祝福》

在制作虚拟数字人视频时，用户可以使用生成的
图片作为视频的背景，也可以根据主题选择更贴切的
数字人形象。本章以《中秋祝福》为例，介绍用腾讯
智影制作效果的操作方法，帮助用户制作出新颖、独
特的节日祝福视频。

9.1 效果展示与素材生成

在学习操作方法之前，先来欣赏一下《中秋祝福》的效果，并运用 Dreamina 生成一张中秋主题的背景图片，为后续的视频制作做好准备。

9.1.1 效果展示

《中秋祝福》主要是通过虚拟数字人口播的形式向受众传达用户的美好祝愿，这种形式可以为受众带来耳目一新的体验，效果如图 9-1 所示。

图 9-1 效果展示

9.1.2 运用 Dreamina 生成背景图片

当制作《中秋祝福》虚拟数字人视频时，普通的风景图片和模板背景可能与中秋主题不太匹配。那么，用户就可以运用 Dreamina 生成一张中秋主题的背景图片。下面介绍具体的操作方法。

扫码看视频

▶▶ 步骤1 在"图片生成"页面中，输入绘画提示词，如图 9-2 所示。

▶▶ 步骤2 设置"精细度"参数为 50、"比例"为 3∶4，如图 9-3 所示，提升图片的质量，并更改图片的尺寸。

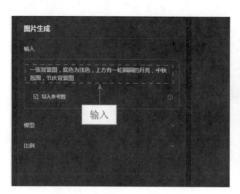

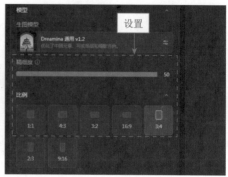

图 9-2　输入绘画提示词　　　　　　　图 9-3　设置相应参数

▶▶ 步骤 3　单击"立即生成"按钮，即可生成四张背景图片，在第一张图片上的工具栏中单击"细节重绘"按钮，如图 9-4 所示。

▶▶ 步骤 4　执行操作后，即可对第一张图片的细节进行重绘，并生成一张新的图片，在新图片的工具栏中单击"消除笔"按钮，如图 9-5 所示。

图 9-4　单击"细节重绘"按钮　　　　图 9-5　单击"消除笔"按钮

▶▶ 步骤 5　弹出"消除笔"对话框，选取要消除的内容，如图 9-6 所示，单击"立即生成"按钮，即可对选取的内容进行消除，并生成一张新图片。

▶▶ 步骤 6　在新图片的工具栏中单击"扩图"按钮，如图 9-7 所示。

▶▶ 步骤 7　弹出"扩图"对话框，选择 9：16 选项，如图 9-8 所示，单击"立即生成"按钮，让 AI 将 3：4 的图片扩充为 9：16 的尺寸。

▶▶ 步骤 8　在生成的四张扩图中，单击第一张图片工具栏中的"超清图"按钮，如图 9-9 所示，即可获得高清的背景图片。

图 9-6 选取要消除的内容

图 9-7 单击"扩图"按钮

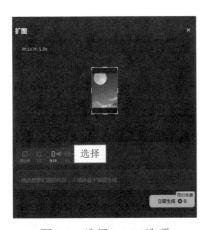

图 9-8 选择 9：16 选项

图 9-9 单击"超清图"按钮

9.2 五个运用腾讯智影制作视频的步骤

运用腾讯智影制作《中秋祝福》，主要有上传背景素材、添加片头字幕、添加和编辑数字人素材、提取和美化字幕及添加背景音乐这五个步骤。

9.2.1 上传背景素材

用户如果想在视频中使用自己生成的背景图片，则需要先将素材上传至腾讯智影中。下面介绍具体操作方法：

扫码看视频

▶▶ 步骤 1 在腾讯智影的"创作空间"页面中单击"视频剪辑"按钮，进入视频剪辑页面，在"我的资源"面板中，单击"本地上传"按钮，如图 9-10 所示。

▶▶ 步骤2 弹出"打开"对话框，选择背景图片，如图 9-11 所示。

图 9-10　单击"本地上传"按钮　　　　图 9-11　选择背景图片

▶▶ 步骤3 单击"打开"按钮，即可将背景图片进行上传，在背景图片的右上角单击"添加到轨道"按钮＋，如图 9-12 所示。

▶▶ 步骤4 执行操作后，即可将背景图片添加到视频轨道中，如图 9-13 所示。

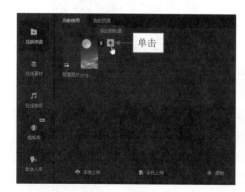 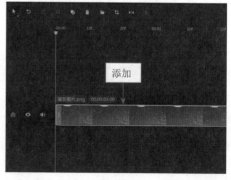

图 9-12　单击"添加到轨道"按钮　　　　图 9-13　将背景图片添加到轨道中

9.2.2　添加片头字幕

如果在视频的开头就安排数字人口播，受众很可能由于来不及反应而错过了开头的内容。因此，用户可以在片头以字幕的形式对视频的主题进行介绍，这样既为受众留下了反应的时间，又能丰富视频的内容。下面介绍具体操作方法：

扫码看视频

▶▶ 步骤1 在预览区域的左下角，展开"比例"列表框，选择 9 ：16 选项，如图 9-14 所示，将视频的尺寸修改为 9 ：16，使其与背景图片的尺寸保持一致。

▶▶ 步骤2 选择背景图片，在"编辑"|"基础"选项卡中，设置"缩放"
参数为110%，如图9-15所示，适当放大背景图片，使其填满整个画面。

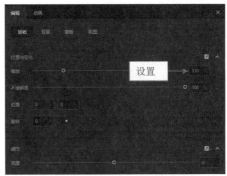

图9-14 选择9：16选项　　　　图9-15 设置"缩放"参数（1）

▶▶ 步骤3 在"花字库"面板的"花字"选项卡中，单击"暖色"花字右
上角的"添加到轨道"按钮 ✚ ，如图9-16所示，在视频的起始位置添加第一段
花字文本。

▶▶ 步骤4 在"编辑"选项卡中，修改字幕内容，设置字体为"楷体"，
如图9-17所示。

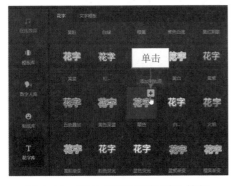

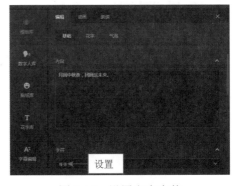

图9-16 单击"添加到轨道"按钮　　　图9-17 设置文字字体

▶▶ 步骤5 设置第一段花字文本的"缩放"参数为37%，如图9-18所示，
缩小字幕，使其完整显示在画面中。

▶▶ 步骤6 切换至"动画"|"进场"选项卡，选择"打字机1"动画，如
图9-19所示，为文本添加进场动画。

▶▶ 步骤7 切换至"出场"选项卡，选择"模糊"动画，如图9-20所示，
为文本添加出场动画。

图 9-18　设置"缩放"参数（2）

图 9-19　选择"打字机 1"动画

▶▷ 步骤8　在第一段花字文本上右击，在弹出的快捷菜单中选择"复制"选项，如图 9-21 所示，将其复制一份。

图 9-20　选择"模糊"动画

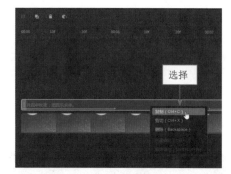

图 9-21　选择"复制"选项

▶▷ 步骤9　拖动时间轴至视频起始位置，在空白位置上右击，在弹出的快捷菜单中选择"粘贴"选项，即可粘贴复制的花字文本，为视频添加第二段花字文本，如图 9-22 所示。

▶▷ 步骤10　在"编辑"选项卡中修改第二段花字文本的内容，如图 9-23 所示。

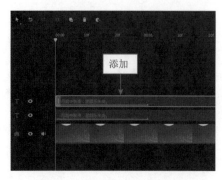

图 9-22　添加第二段花字文本

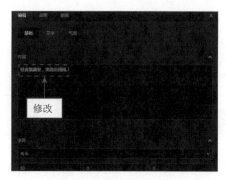

图 9-23　修改文本内容

▶▶ 步骤 11 设置"坐标"的 X 参数为 0、Y 参数为 50，如图 9-24 所示，避免两段花字文本重叠。

▶▶ 步骤 12 调整两段花字文本的起始位置，使第一段花字文本的起始位置对齐 10f 的位置、第二段花字文本的起始位置对齐 25f 的位置，如图 9-25 所示，让两段文本依次显示。

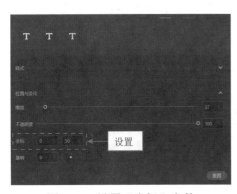
图 9-24 设置"坐标"参数

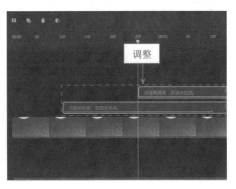
图 9-25 调整两段花字文本的起始位置

9.2.3 添加和编辑数字人素材

在制作过程中，用户可以根据视频主题和画面内容来选择合适的数字人形象，进行数字人素材的添加和编辑。下面介绍具体操作方法：

扫码看视频

▶▶ 步骤 1 拖动时间轴至两段花字文本的结束位置，在"数字人库"面板的"免费"选项卡中，单击相应数字人形象右上角的"添加到轨道"按钮 +，如图 9-26 所示，为视频添加一段数字人素材。

▶▶ 步骤 2 在"数字人编辑"面板的"配音"选项卡中，单击文本框的空白位置，如图 9-27 所示。

图 9-26 单击"添加到轨道"按钮

图 9-27 单击文本框的空白位置

▶▶ 步骤3 弹出"数字人文本配音"面板，输入数字人口播文案，如图 9-28 所示。

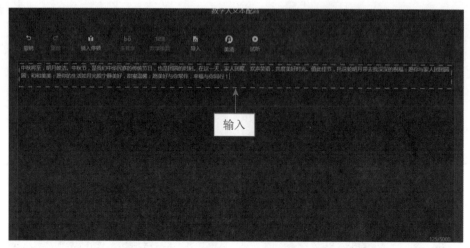

图 9-28　输入数字人口播文案

▶▶ 步骤4 单击配音音色头像，弹出"选择音色"面板，选择一个喜欢的音色，如图 9-29 所示，单击"确认"按钮，即可更改数字人的音色。

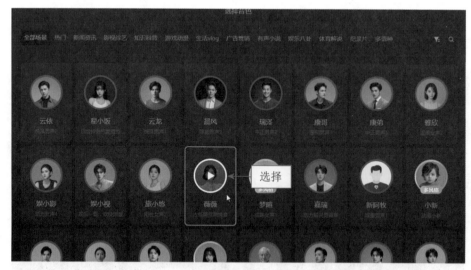

图 9-29　选择一个音色

▶▶ 步骤5 返回"数字人文本配音"面板，单击"保存并生成音频"按钮，即可生成对应内容的数字人口播音频，在"画面"选项卡中设置"缩放"参数为219%、"位置"的 X 参数为 28、Y 参数为 130，如图 9-30 所示，调整数字人显示的大小和位置。

▶▶ 步骤6 拖动时间轴至数字人素材的起始位置，在"形象及动作"选项卡中单击"提升"右上角的＋按钮，如图 9-31 所示，为数字人添加第一个动作效果。

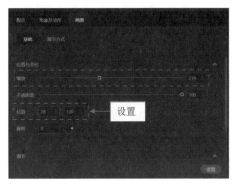

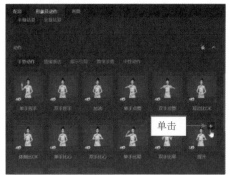

图 9-30　设置相应参数　　　　图 9-31　单击相应按钮（1）

▶▶ 步骤7 拖动时间轴至 00：00：10：26 的位置，切换至"指示引导"选项卡，单击"双手指向听者"右上角的＋按钮，如图 9-32 所示，为数字人添加第二个动作效果。

▶▶ 步骤8 拖动时间轴至"双手指向听者"动作效果的结束位置，单击"展示右侧内容"右上角的＋按钮，如图 9-33 所示，为数字人添加第三个动作效果。

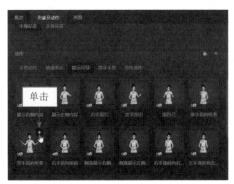

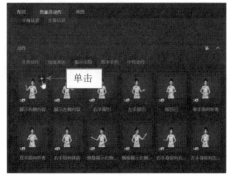

图 9-32　单击相应按钮（2）　　　图 9-33　单击相应按钮（3）

▶▶ 步骤9 用同样的方法，在"展示右侧内容"动作效果的后面，添加"手势动作"选项卡中的"恭喜/拜年"动作效果，如图 9-34 所示。

▶▶ 步骤10 用同样的方法，在 00：00：26：28 的位置添加"手势动作"选项卡中的"期待/拜托"动作效果，如图 9-35 所示，让数字人效果更生动。

▶▶ 步骤11 拖动时间轴至数字人素材的起始位置，在"形象及动作"选项卡中单击"开心"右上角的＋按钮，如图 9-36 所示，为整段数字人添加开心的表情。

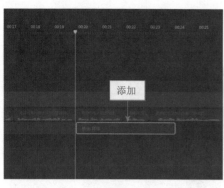

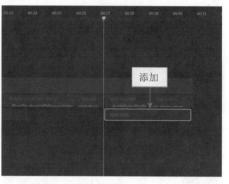

图 9-34　添加"恭喜／拜年"动作效果　　　图 9-35　添加"期待／拜托"动作效果

▶▶ 步骤 12　调整背景图片的时长，使其结束位置对准数字人素材的结束位置，如图 9-37 所示，为所有数字人素材添加背景。

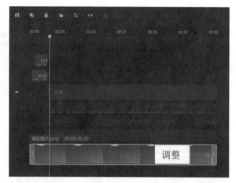

图 9-36　单击相应按钮（4）　　　　　图 9-37　调整背景图片的时长

9.2.4　提取和美化字幕

在腾讯智影中，用户可以根据数字人口播文案，一键提取和生成对应的字幕，并对其进行美化。下面介绍具体操作方法：

扫码看视频

▶▶ 步骤 1　选择数字人素材，在"配音"选项卡中单击"提取字幕"按钮，如图 9-38 所示。

▶▶ 步骤 2　执行操作后，即可生成对应的视频字幕，如图 9-39 所示。

▶▶ 步骤 3　在"字幕编辑"选项卡中删除字幕中多余的标点符号，选择第一段视频字幕，在"编辑"选项卡中，更改文字字体，设置"字号"参数为24，如图 9-40 所示，将文字变大。

▶▶ 步骤 4　在"预设"选项区中选择一个合适的预设样式，如图 9-41 所示，即可完成对字幕的美化。

图 9-38 单击"提取字幕"按钮

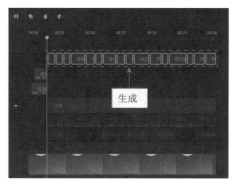

图 9-39 生成视频字幕

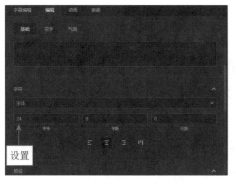

图 9-40 设置"字号"参数

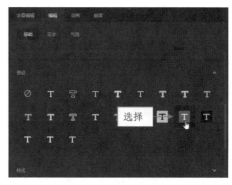

图 9-41 选择预设样式

9.2.5 添加背景音乐

腾讯智影拥有丰富的在线音乐资源，用户可以为视频添加合适的背景音乐，并对其音量进行调整，即可丰富视频的听觉体验。下面介绍具体操作方法：

扫码看视频

▶▶ 步骤 1 拖动时间轴至视频起始位置，在"在线音频"面板中输入并搜索"笛子纯音乐"，在搜索结果中单击相应音乐右侧的"添加到轨道"按钮 + ，如图 9-42 所示，为视频添加背景音乐。

▶▶ 步骤 2 拖动时间轴至 00：00：34：13 的位置，单击"分割"按钮 ▊，如图 9-43 所示，将添加的背景音乐分割成两段，并自动选中前半段。

▶▶ 步骤 3 单击"删除"按钮 ▊，如图 9-44 所示，将前半段不需要的音频进行删除。

▶▶ 步骤 4 调整背景音乐的位置和时长，使其起始位置对准视频的起始位置，并使其时长与视频时长保持一致，如图 9-45 所示。

图 9-42　单击"添加到轨道"按钮　　　　图 9-43　单击"分割"按钮

▶▷ 步骤 5　选择背景音乐，在"编辑"选项卡中，设置"音量大小"参数为 15%，如图 9-46 所示，降低背景音乐的音量，即可完成视频的制作。

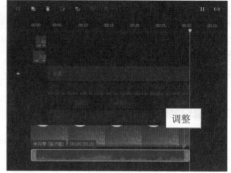

图 9-44　单击"删除"按钮　　　　图 9-45　调整背景音乐的位置和时长

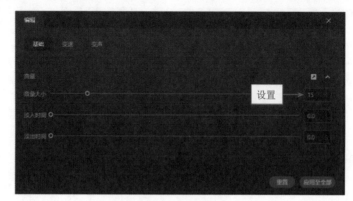

图 9-46　设置"音量大小"参数

第 **10** 章

案例：用腾讯智影制作《时间管理》

在腾讯智影中，用户可以运用一张图片生成专属的虚拟数字人视频，用来进行知识分享。本章以《时间管理》为例，介绍用腾讯智影制作效果的操作方法，帮助用户生成独一无二的数字人知识口播视频。

10.1　效果展示与素材编辑

在学习操作方法之前，先来欣赏一下《时间管理》的效果，并运用 Dreamina 抠出数字人形象，为后续的视频制作做好准备。

10.1.1　效果展示

《时间管理》主要是通过虚拟数字人讲解的方式，向受众介绍时间管理的重要性和方法，鼓励大家一起做好时间管理，珍惜每一寸光阴，效果如图 10-1 所示。

图 10-1　效果展示

10.1.2　运用 Dreamina 抠出数字人形象

用户除了运用 Dreamina 进行图片和视频的生成之外，还可以对图片进行编辑操作，例如将图片中的人物形象抠出来，以便在腾讯智影中生成数字人视频。下面介绍具体操作方法：

扫码看视频

▶▶ 步骤 1　在首页左侧的导航栏中单击"智能画布"按钮，如图 10-2 所示。

▶▶ 步骤 2　进入相应页面，单击"上传图片"按钮，如图 10-3 所示。

▶▶ 步骤 3　弹出"打开"对话框，选择要进行抠图的素材，如图 10-4 所示，单击"打开"按钮，将图片进行上传。

图 10-2　单击"智能画布"按钮　　　　图 10-3　单击"上传图片"按钮

▶▶ 步骤 4　单击画板尺寸右侧的下拉按钮，展开"画板调节"面板，在"画板比例"选项区中选择 9∶16 选项，如图 10-5 所示，单击"应用"按钮，即可修改画板的尺寸，使画板与图片的尺寸保持一致。

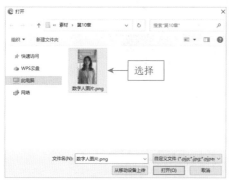

图 10-4　选择要进行抠图的素材　　　　图 10-5　选择 9∶16 选项

▶▶ 步骤 5　将图片拖动至画板上，使其完全与画板区域重合，在上方的工具栏中单击"抠图"按钮，如图 10-6 所示。

▶▶ 步骤 6　弹出"抠图"对话框，AI 会自动识别并选取画面主体，单击"立即生成"按钮，如图 10-7 所示，即可抠出人像。

▶▶ 步骤 7　在上方的工具栏中单击"无损超清"按钮，如图 10-8 所示，即可获得超清的抠图素材。

▶▶ 步骤 8　单击页面右上方的"导出"按钮，弹出"导出设置"面板，设置"格式"为 PNG（portable network graphics，便携式网络图形，是一种采用无损压缩算法的位图格式），如图 10-9 所示，制作出透明底的抠图素材，单击"下载"按钮，即可将抠图素材保存。

图 10-6 单击"抠图"按钮

图 10-7 单击"立即生成"按钮

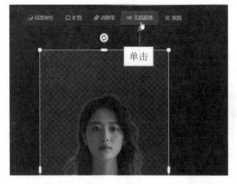

图 10-8 单击"无损超清"按钮

图 10-9 设置"格式"为 PNG

10.2 三个运用腾讯智影制作视频的步骤

运用腾讯智影制作《时间管理》，一共有生成数字人素材、编辑与合成数字人素材及添加视频字幕这三个步骤。

10.2.1 生成数字人素材

用户如果想又快又好地生成专属数字人素材，可以先选择一个数字人视频模板，再上传数字人抠图素材，通过替换数字人形象的方法，快速生成数字人素材。下面介绍具体操作方法：

扫码看视频

▶▶ 步骤 1 在数字人播报页面的"模板"面板中，输入并搜索"知识课堂"，选择需要的模板，如图 10-10 所示。

▶▶ 步骤 2 弹出模板预览面板，单击"应用"按钮，如图 10-11 所示，即可使用该模板。

图 10-10　选择模板

图 10-11　单击"应用"按钮

▶▶ 步骤3　切换至"PPT 模式"面板，在第二个 PPT 的右上角单击"删除"按钮 █，如图 10-12 所示，将其删除。用同样的方法，删除后面的 PPT，只保留第一个 PPT。

▶▶ 步骤4　切换至"数字人"面板，在"照片播报"选项卡中，单击"本地上传"按钮，如图 10-13 所示。

图 10-12　单击"删除"按钮

图 10-13　单击"本地上传"按钮

▶▶ 步骤5　弹出"打开"对话框，选择数字人抠图素材，如图 10-14 所示，单击"打开"按钮，将其上传。

▶▶ 步骤6　在"照片播报"选项卡中，选择上传的抠图素材，即可替换 PPT 中的数字人，如图 10-15 所示，生成新的数字人素材。

▶▶ 步骤7　选择数字人，在"画面"选项卡中，设置"坐标"的 X 参数为 350、Y 参数为 40、"缩放"参数为 90%、"亮度"参数为 10，如图 10-16 所示，调整数字人的位置、大小和亮度，使数字人形象更明亮。

案例：用腾讯智影制作《时间管理》

图 10-14　选择相应素材

图 10-15　替换数字人

图 10-16　设置相应参数

▶▶ 步骤8　单击"返回内容编辑"按钮，在"播报内容"选项卡的下方，单击配音音色头像，在弹出的"选择音色"面板中，选择一个合适的音色，如图 10-17 所示，单击"确认"按钮，即可修改数字人的配音音色，完成数字人素材的生成。

图 10-17　选择音色

10.2.2　编辑与合成数字人素材

当用户生成新的数字人素材后，就可以使用文案生成不同的数字人口播片段，从而组成一个完整的视频。所有数字人素材编辑完成后，还需要进行合成，以便后续字幕的添加。下面介绍具体操作方法：

扫码看视频

▶▶ 步骤 1　在预览区域中，选择第一段字幕，如图 10-18 所示，按【Delete】键将其删除。用同样的方法，删除另一段字幕。

▶▶ 步骤 2　在"播报内容"选项卡中，更改文案内容，如图 10-19 所示。

图 10-18　选择第一段字幕

图 10-19　更改文案内容

▶▶ 步骤 3　单击底部的"保存并生成播报"按钮，如图 10-20 所示，即可生成第一段数字人素材。

▶▶ 步骤 4　在"PPT 模式"面板中，多次单击第一个 PPT 右上角的"复制"按钮，如图 10-21 所示，将其复制四份。

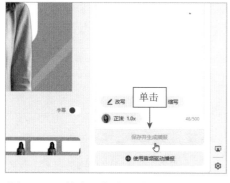

图 10-20　单击"保存并生成播报"按钮

图 10-21　单击"复制"按钮

▶▶ 步骤5 依次修改四个 PPT 的数字人播报内容，如图 10-22 所示，生成对应的数字人素材。

图 10-22 修改数字人播报内容

▶▶ 步骤6 在页面的右上方，单击"合成视频"按钮，如图 10-23 所示。

▶▶ 步骤7 弹出"合成设置"面板，修改视频的名称，如图 10-24 所示，单击"确定"按钮，将数字人素材进行合成。

图 10-23 单击"合成视频"按钮　　图 10-24 修改视频的名称

10.2.3　添加视频字幕

在模板中，用户可以设置的字幕样式比较少，因此用户可以在视频剪辑页面中单独添加视频字幕，并设置好看的文字样式。下面介绍具体操作方法：

扫码看视频

▶▶ 步骤 1　在"我的资源"页面中，单击数字人素材右上角的 ✖ 按钮，如图 10-25 所示，进入视频剪辑页面。

▶▶ 步骤 2　在"花字库"面板的"花字"选项卡中，单击相应花字右上角的"添加到轨道"按钮 ➕，如图 10-26 所示，为视频添加第一段字幕。

图 10-25　单击相应按钮

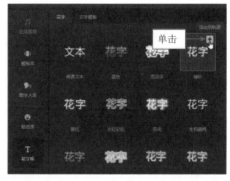

图 10-26　单击"添加到轨道"按钮

▶▶ 步骤 3　输入文本内容，设置文字字体为"楷体"，如图 10-27 所示。

▶▶ 步骤 4　设置"坐标"的 X 参数为 0、Y 参数为 −280，如图 10-28 所示，即可调整字幕的位置，将第一段字幕的时长调整为与视频时长保持一致。

图 10-27　设置文字字体

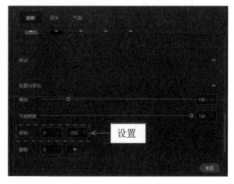

图 10-28　设置"坐标"参数（1）

▶▶ 步骤 5　拖动时间轴至 00：00：00：18 的位置，添加一段普通文本，作为视频的第二段字幕，输入文本内容，如图 10-29 所示。

▶▷ 步骤6 选择一个合适的预设样式，如图 10-30 所示，美化字幕。

图 10-29　输入文本内容　　　　　　　图 10-30　选择预设样式

▶▷ 步骤7 设置字幕的字体为"宋体"、"字号"参数为 37、"行距"参数为 10，如图 10-31 所示，调整字幕的样式。

▶▷ 步骤8 单击"加粗"按钮 B，为文字添加粗体效果，单击"左对齐"按钮 ，如图 10-32 所示，调整字幕的对齐方式。

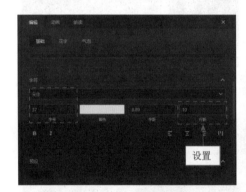

图 10-31　设置相应参数　　　　　　　图 10-32　单击"左对齐"按钮

▶▷ 步骤9 设置"坐标"的 X 参数为 −170、Y 参数为 −20，如图 10-33 所示，调整字幕的位置。

▶▷ 步骤10 调整第二段字幕的时长，使其结束位置对准 00:00:10:08 的位置，如图 10-34 所示。

▶▷ 步骤11 拖动时间轴至 00:00:10:22 的位置，将第二段字幕复制并粘贴一份，为视频添加第三段字幕，修改字幕内容，如图 10-35 所示。

▶▷ 步骤12 设置"坐标"的 X 参数为 −150、Y 参数为 0，如图 10-36 所示，调整第三段字幕的位置。

图 10-33　设置"坐标"参数（2）

图 10-34　调整字幕的时长（1）

图 10-35　修改字幕内容（1）

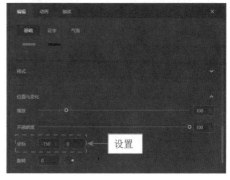

图 10-36　设置"坐标"参数（3）

▶▶ 步骤 13　调整第三段字幕的时长，使其结束位置对准 00:00:22:28 的位置，如图 10-37 所示。

▶▶ 步骤 14　用复制粘贴的方法，在 00:00:23:15 的位置添加第四段字幕，修改字幕内容，如图 10-38 所示。

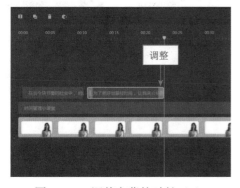

图 10-37　调整字幕的时长（2）

图 10-38　修改字幕内容（2）

▶▶ 步骤 15　设置"坐标"的 X 参数为 −120、Y 参数为 −20，如图 10-39 所示，调整字幕的位置。

▶▷ 步骤16 调整第四段字幕的时长，使其结束位置对准 00:00:32:05 的位置，如图 10-40 所示。

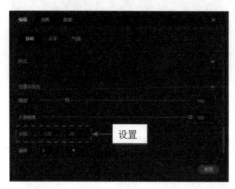

图 10-39 设置"坐标"参数（4）

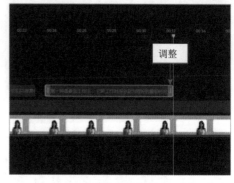

图 10-40 调整字幕的时长（3）

▶▷ 步骤17 用同样的方法，在 00:00:32:24 的位置，添加第五段字幕，更改字幕内容，如图 10-41 所示，设置其"坐标"的 X 参数为 −120、Y 参数为 −20，使其结束位置对准 00:00:42:10 的位置。

▶▷ 步骤18 用同样的方法，在 00:00:43:05 的位置，添加第六段字幕，更改字幕内容，如图 10-42 所示，设置其"坐标"的 X 参数为 −200、Y 参数为 −20，使其结束位置对准 00:00:46:20 的位置，即可完成视频的制作。

图 10-41 修改字幕内容（3）

图 10-42 修改字幕内容（4）